全国高等职业教育规划教材

二维动画设计基础

主　编　姚胜楠　秦　成　赵海宇
副主编　扈少华　蒋爱德
参　编　钟建华　韩子霏

机 械 工 业 出 版 社

本书以传统二维动画的制作流程为学习依据，同时结合实训项目巩固知识、培养绘画技能，将每个章节紧密联系起来，让学生能够深入了解动画设计师的实际工作进程。本书主要包括 6 章：二维动画基础、二维动画的基本训练、二维动画的前期阶段、二维动画的中期阶段、二维动画的后期阶段和 Flash 动画制作。

　　本书可作为普通高等院校、高职高专院校动画相关专业的教材和参考用书，也可供动画爱好者学习参考。

　　本书配有授课电子课件，需要的教师可登录 www.cmpedu.com 免费注册、审核通过后下载，或联系编辑索取（QQ：1239258369，电话：010 - 88379739）。

图书在版编目（CIP）数据

二维动画设计基础／姚胜楠，秦成，赵海宇主编 . —北京：机械工业出版社，2015.6

全国高等职业教育规划教材

ISBN 978-7-111-52965-1

Ⅰ. ① 二… Ⅱ. ① 姚… ② 秦… ③ 赵… Ⅲ. ① 二维－动画制作软件－高等职业教育－教材 Ⅳ. ① TP391.41

中国版本图书馆 CIP 数据核字（2016）第 028710 号

机械工业出版社（北京市百万庄大街 22 号　邮政编码 100037）

策划编辑：鹿　征　　责任编辑：鹿　征
责任校对：张艳霞　　责任印制：李　洋

三河市国英印务有限公司印刷

2016 年 3 月第 1 版 · 第 1 次印刷
184mm × 260mm · 11 印张 · 270 千字
0001 - 3000 册
标准书号：ISBN 978-7-111-52965-1
定价：29.80 元

前　言

　　随着我国文化事业的高速发展，动画业也进入了一个新的时期，蓬勃发展的动画产业急需大量的动画人才，而动画专业人才需要综合性的专业知识培养体系，需要具备多方面的能力，尤其是对动画制作的整体把握能力。

　　二维动画设计师除了要具备良好的绘画造型能力和创作才能外，还必须掌握二维动画创作的基本理论、技法及软件使用技能。为了满足市场需求，笔者编写了《二维动画设计基础》一书。

　　本书为动画制作基础书籍，全书从动画制作的整体流程入手，循序渐进、由浅入深，既注重专业基础，又注重拓展创新；既传授理论知识，又强调动手能力。本书针对动画专业学生、教师以及动画爱好者的学习可惯编写，适合用于学校教材和个人学习的参考用书。

　　本书编者均为高等院校动画专业及数字媒体专业一线教师，具有多年的动画创作和教学经验。在编写过程中，内容编排以教学为中心，并兼顾满足提升学生动画创作技能和动画创意能力的需求，力求理论联系实际，以培养具有创新和实战能力的动画人才。

　　本书引用了多幅经典作品，旨在让读者对优秀作品有初步的认识，以便于对动画的理解。在此，感谢本书所引用作品的作者们，是他们的作品让本书的质量得以保证。衷心希望本书能够为培养动画专业优秀人才尽绵薄之力。限于编者知识水平，书中如有不足之处，也诚挚地欢迎广大读者在学习过程中多提宝贵意见。

编　者

目　　录

第1章　二维动画基础

本章节要点

- 二维动画概念和发展
- 二维动画工具的认识

1.1　认识二维动画

1.1.1　二维动画概念

我国是世界上较早制作动画的国家之一，曾出品过不少可圈可点的作品，但种种原因致使我国动画行业现在处于劣势。近几年来，国家开始推动文化创意产业发展，先后出台了一系列的扶植政策。我国动画在近几年进步很快，涌现出了一批脍炙人口的二维动画片，例如：《喜羊羊与灰太狼》《熊出没》《西游记》《大耳朵图图》等，各类二维应用动画也层出不穷。

二维动画是绘制在平面上的动画，也称其为传统动画。维基百科是这样解释的："传统动画（Traditional animation），也被称为经典动画，是动画的一种表现形式，始于19世纪，流行于20世纪。传统动画制作方式以手绘为主，绘制静止但互相具有连贯性的画面，然后将这些画面（帧）按一定的速度拍摄后，制作成影像。大部分作品中的图画都是画在纸上以及赛璐珞上进行拍摄。由于大部分的这种类型的动画作品都是用手直接绘制在赛璐珞上，因此传统动画也被称为手绘动画或者是赛璐珞动画（cel - animation）。在早期的传统动画作品中也有画在黑板上或胶片上的。"二维动画利用了电影的制作原理，即人类眼睛的视觉残留现象，将一张张逐渐变化的并能清楚地反映一个连续动态过程的静止画面，经过摄像机逐张逐帧拍摄编辑，再通过播放系统使之在屏幕上活动起来。

传统的二维动画是由各种不同颜料画到赛璐珞片上，再由摄影机逐张拍摄记录而连贯起来的画面，计算机时代的来临，让二维动画制作发生了改变，可将事先手工制作的原动画逐帧输入计算机，由计算机帮助完成绘线、上色的工作，并且由计算机控制完成记录工作。在科技高速发展的今天，传统动画的制作手段已经被更为现代的手绘板、扫描仪、计算机软件等高科技产品取代。利用计算机完成的二维动画中，常用的方法有两种：一种是手绘画稿经过扫描，再使用计算机上色处理，最后在后期软件里合成出动画效果；另一种是使用二维动画制作软件，通过手绘板绘制角色和场景、输入和编辑关键帧、计算和生成中间帧、定义和显示运动路径、交互式给画面上色、产生一些特技效果、实现画面与声音的同步、控制运动系列的记录等。二维动画作为一种传统的动画表现形式，虽然表现空间都是平面的，没有立体感，但是其风格明显、周期短、成本相对容易控制，所以二维动画会长久存在并会继续发展。

1.1.2 认识传统二维动画工具

传统二维手绘动画制作分工精密，制作程序要求严格，制作手法以单线为主，并且要处理景、人、物的位置关系和色彩关系等，因此也就有了一系列专门而系统的制作工具，以便于快速准确地制作传统二维手绘动画影片。

1. 拷贝桌

拷贝桌又称"透光桌""动画桌"，如图1-1所示。常见的有木质和金属质地，使用白色半透明磨砂玻璃或白色亚克力板为桌面，下面装有日光灯管或发光体，让光线能够穿过桌面以半透明的状态反射出来，用于动画线稿的绘制与复制。桌面部分常设计成倾斜状，以免光线直射眼睛并有利于绘画。为了方便制作动画，在桌子上会设计一些隔层，用来分别存放不同规格的动画纸张或放置待晾干的着了色的赛璐珞画片。有时还会在桌子上安装镜子，方便动画创作人员进行观察并绘画。

图1-1　拷贝桌

2. 拷贝台

拷贝台又称为"拷贝箱""透写台"，如图1-2所示，是可携带式的木制或者金属箱体，箱体内部装有灯管，是便于搬运的小型和简易的"动画桌"。其作用与动画桌一样，表面也是用磨砂玻璃或者白色亚克力板覆盖，内有日光灯为动画人员提供了随时可作画的条件。许多动画人员在非工作环境都备有这种灯箱，方便实用。

图1-2　拷贝台

3. 定位尺

定位尺是动画人员在绘制设计稿和原动画时，用来固定动画画纸，或在传统动画摄影时，为确保背景画稿与赛璐珞片准确定位而使用的工具，如图1-3所示。定位尺一次可固定打有标准孔位的数十张画纸，也可用于翻阅画稿。制作定位尺的材料常以不锈钢或铜质的为主，但不论是什么质地的定位尺，都有统一的标准尺寸和统一的固定头。标准的定位尺是由中间一个圆柱和两端各一长方形短柱，按统一规格固定在长约25 cm，宽1.5～1.8 cm的底板上所构成的。

图1-3 定位尺

另外还有一种将定位尺与玻璃板装置在一起的可旋转式的专业制图板，它上面设有两根定位尺，上下各一根，在制图时可以通过左右移动尺子达到移动画稿的作用。在这种尺上不仅装有固定头，还在底板上标有精确的刻度，为原画师和设计稿制作者计算移动背景距离或速度提供了很大便利。

4. 线拍仪

线拍仪是一种动画检测设备，与计算机连接后，可以快速了解动画设计稿和原动画绘制的效果，进行反馈和修改。线拍仪由摄像头、拍摄平台和镜头移动手柄组成，如图1-4所示。

图1-4 线拍仪

5. 拍摄台

拍摄动画使用的平台，由安装摄像机的活动机架和拍摄平台组成，摄像机可以垂直安置在拍摄台的机架上，能够根据需要，通过摇柄上下移动，或者通过计算机控制移动。

6. 动画笔

动画笔指传统二维动画制作中所使用的各类绘图笔，如图1-5所示。主要有铅笔、自动铅

图1-5 动画笔

3

笔、彩色铅笔、签字笔、蘸水笔、勾线笔、毛笔、水彩笔、水粉笔等。绘画分镜头工作人员常使用的有彩色铅笔、铅笔或签字笔等；绘制原画以及设计稿人员一般先用彩色铅笔勾出画稿草样，然后用 2B 或 3B 铅笔定稿，也可用自动铅笔绘制作画；加动画的人员一般是用色笔或 HB 的铅笔打稿，最后在干净纸上用 2B 铅笔或 2B 铅芯的自动铅笔重描画稿，以确保扫描或复制出来的线条清晰、明确；在赛璐珞片上描线的人员，常使用蘸水笔或较细的勾线笔，进行线条修整工作；手工上色人员常使用的是笔毛较有韧性的多种型号的毛笔或水彩笔；而背景制作人员则使用各种水粉笔、毛笔和排笔等。目前，由于后期制作的许多部门已转用计算机，因此描线、上色和背景中采用的许多笔已很少使用了。

7. 橡皮、直尺、夹子

它们是传统二维动画设计制作中必备的工具。橡皮质地要求柔软，擦拭时不伤纸面并不留痕迹，以保持画纸的清洁和光滑。当画某些较长的直线条时，常会用到直尺。这在许多绘画的行业中都是必备的工具。在绘制动画时，夹子也是使用较频繁的工具，主要用于固定和重叠那些在特殊位置上，定位尺不能发挥作用的动画纸。

8. 赛璐珞片

赛璐珞片是一种由聚酯材料制成的透明胶片，表面光滑，全透明如薄纸状。制作动画片时采用这种材料，既能使不同动作角色分别画在不同的胶片上，进行多层拍摄，而画面彼此间不受影响，可增强画面的层次和立体效果。

9. 动画纸

动画纸根据绘画程序不同，一般可分为原、动画纸和修正纸两种，如图 1-6 所示。原、动画纸可选用 70～100 g/m² 的白纸。在制作影视动画时，纸的规格大小主要分为两种，其尺寸约为 24 cm×27 cm、27 cm×33 cm（一般被称为 9F 和 12F），是根据画面取景和银幕不同需要而设定出来的。另有一些更大或更长尺寸，是在拍摄有特殊要求时才使用的规格。在原、动画纸使用前，需将每张纸打好定位孔，为固定作画提供方便。原、动画纸要有较好的透明度，纸质需均匀、洁白、光滑，纸边较硬，而且较薄且韧性佳，这样在绘制连续动作时，才能为绘制者提供良好的制图条件。原、动画纸对纸质的要求不高，修正纸大多采用一种淡黄色的薄纸，规格均与动画纸相同。

 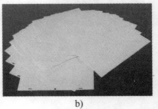

图 1-6　动画纸
a）修正纸　b）原、动画纸

10. 设计稿纸

设计稿纸是用来绘制设计稿的专用纸。纸的大小与动画纸尺寸一致，一般分为两种通用规格。在纸面上多数印有电视画面框和安全区框，中心印有中心点位，下方印有片名、集数、背景等填空格。

11. 规格框

规格框是一种按照传统电影银幕画面比制作的透明胶片画框，在它的上面印有 12 个规格大小不同的线框，用以规范画稿尺寸和拍摄范围，以及在动画制作各道工艺中，保证画面规格始终统一的重要工具，如图 1-7 所示。目前，一般动画片常用的镜头规格为：大全景和远景用 10~12 规格；全景和中景用 7~9 规格；特写和近景用 6~7 规格。如有特殊需要画更大规格，可按 3:4 比例放大。

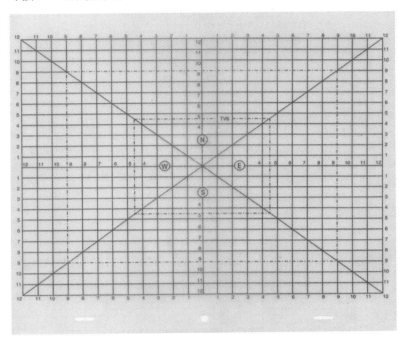

图 1-7　规格框

12. 摄影表

摄影表是用来记录动画角色表演动作的时间、速度、对白和背景摄影要求的表格，是每个动画镜头绘制、拍摄的主要依据。表中标有片名、镜号、规格、秒数、内容、口型、摄影要求等项目，是导演、原画、动画、描线、上色、校对和拍摄等各道工序相互沟通的桥梁，如图 1-8 所示。

13. 秒表

动画中形体运动的快慢，取决于表现这一动作的画幅数和播放的速度。要使呈现于屏幕上的动画形体运动状态生动自然，达到预期的效果，动画的原动画创作设计人员必须对现实中每一相关动作的运行时间进行精确测定，才能在形体实际运动速度的基础上，创造出符合生活规律的动作。秒表是原动画创作设计人员必备的测时工具。

14. 打孔机

打孔机的作用与定位尺是相对应的。主要作用是给原动画纸、修正纸等所需要在定位尺上固定的纸，打出与定位尺 3 个固定柱相同大小、相等距离的孔，使这些纸能准确地被套在定位尺上，如图 1-9 所示。

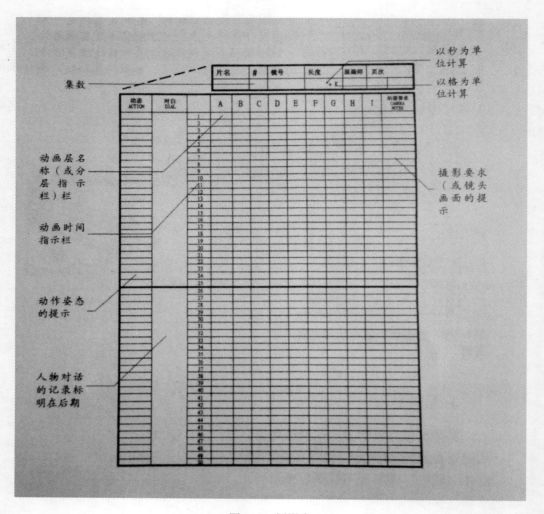

图 1-8　摄影表

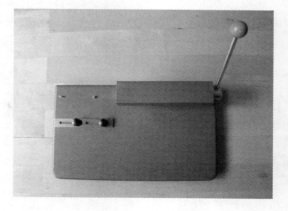

图 1-9　打孔机

1.1.3 认识二维动画基本制作软件

随着计算机技术的发展与应用，无论是二维动画还是三维动画，都在从传统的动画制作方法向计算机制作动画方向发展，这是计算机信息社会到来的大势所趋，二维动画制作软件的发展取代了众多传统二维手绘动画制作过程和技术。这里就为大家介绍几款常见的二维动画制作软件，以供参考。

1. 无纸动画系列软件

Toon Boom 是加拿大的一家专业动画软件公司，公司全称是 Toon Boom Animation。其生产的一系列二维无纸动画软件在业内享有很好的声誉。

Toon Boom Harmony 是一套全新概念的企业级数字无纸动画的专业制作软件，如图 1-10 所示，它将数字技术融入于传统的动画制作的生产方式中，在保持了传统的制作环节的同时，又带来了目前在世界上二维动画制作软件中独一无二的新技术（精确的变形、无缝拼合、反向动力学、口型同步、三维路径运动），以及全新的专门为大型动画项目设计的生产流程。无论采用传统动画生产流程、无纸动画生产流程还是 Toon Boom Harmony 独创的切分动画生产流程去创作二维动画片，Toon Boom Harmony 都可以在保证高质量创作的同时获得前所未有的生产效率。

Toon Boom Harmony 提供的整体解决方案将改进的无纸动画生产方式、集成式工作流程和资产管理工具无缝地结合在一起，从而有效提升工作室的整体生产效率，使其进入到一个全新的阶段。

图 1-10　Toon Boom Harmony 启动画面

Toon Boom Storyboard Pro 是一套全新概念的、传统与数字无纸绘画方法相结合的分镜头本绘制软件，如图 1-11 所示，它提供了一个更便于创作者操作的环境。也可以通过扫描原始纸质分镜头本，加速和更新团队的创作效率。数字化绘图仪给创作者带来在纸上绘画的感觉。Toon Boom Storyboard Pro 呈现了一个直观的操作界面，创作者可随意在传统画框绘制风格和单一画框风格间任意切换，以完成自己的创作。

2. Animo

Animo 是英国 Cambridge Animation 公司开发的运行于 SGI O2 工作站和 Windows NT 平台上的二维卡通动画制作系统，是第一个集二维、三维动画于一体的软件包，在欧洲、亚洲地区得到广泛应用，应用领域涉及电影、电视动画、商业广告、游戏及多媒体开发等。华纳兄弟公司（Warner Brothers）、梦工厂（DreamWorks SKG）、加拿大 Nelvana 等知名公司都采用

图1-11 Toon Boom Storyboard Pro 启动画面

其动画软件，众所周知的动画片《小倩》《空中大灌篮》《埃及王子》等都是应用 Animo 的成功典例，如图1-12 所示。

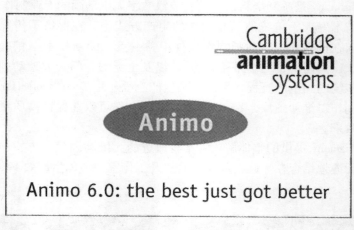

图1-12 Animo 启动画面

Animo 具有面向动画师设计的工作界面，扫描后的画稿会形成电子线，快速上色工具提供了自动上色和自动线条封闭功能，并和颜色模型编辑器集成在一起提供了不受数目限制的颜色和调色板，一个颜色模型可设置多个"色指定"。Animo 具有多种特技效果处理，包括灯光、阴影、照相机镜头的推拉、背景虚化、水波等，并可与二维、三维和实拍镜头进行合成。Animo 的三维工具可以对三维数据、灯光和摄像机进行移动、缩放和旋转。使用一个 F曲线编辑器可以修改三维动画，所有的调整修改都可以存储并在三维软件中使用，这是二维和三维合成中最有用的特性。它所提供的可视化场景图可使动画师只用几个简单的步骤就可完成复杂的操作，提高了工作效率和速度。

3. Flash

Flash 是美国 Macromedia 公司设计的一种二维矢量图和矢量动画软件，如图1-13 所示。通常包括 Macromedia Flash（用于设计和编辑 Flash 文档），以及 Macromedia Flash Player（用于播放 Flash 文档）。现在，Flash 已经被 Adobe 公司购买，现在是中国使用最为广泛的二维动画软件之一。Flash 为创建数字动画、交互式 Web 站点、桌面应用程序以及手机应用程序开发提供了功能全面的创作和编辑环境。Flash 包含丰富的视频、声音、图形和动画，可以创建原始内容或者从其他 Adobe 应用程序（如 Photoshop 或 Illustrator）导入素材，快速设计简单的动画以及使用 Adobe ActionScript 3.0 开发高级的交互式项目。近两年，各电视台动画频道也陆续播放由 Flash 制作的动画片，如热播的《喜羊羊和灰太狼》等，都受到了业内人士及大众的一致好评。

图 1-13　Flash 启动画面

　　Flash 动画设计的三大基本功能是整个 Flash 动画设计知识体系中最重要、也是最基础的，包括：绘图和编辑图形、补间动画和遮罩。这是 3 个紧密相连的逻辑功能，并且这 3 个功能自 Flash 诞生以来就存在。Flash 动画说到底就是"遮罩＋补间动画＋逐帧动画"与元件（主要是影片剪辑）的混合物，通过这些元素的不同组合，可以创建千变万化的效果。

　　4. RETAS PRO

　　RETAS PRO 是日本 Celsys 株式会社开发的一套应用于普通个人计算机（PC）和苹果机的专业二维动画制作系统，如图 1-14 所示。RETAS PRO 填补了 PC 机和苹果机上没有专业二维动画制作系统的空白。从 1993 年 10 月 RETAS 1.0 版在日本问世以来，RETAS PRO 已占领了日本动画界 80% 以上的市场份额，日本已有 100 家以上的动画制作公司使用了 RETAS PRO。

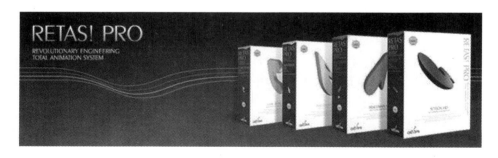

图 1-14　RETAS PRO 产品宣传海报

RETAS PRO 的制作过程与传统的动画制作过程十分相近，它主要由四大模块组成，替代了传统动画制作中描线、上色、制作摄影表、特效处理、拍摄合成的全部过程。它将简单易用的用户界面和动画制作的所有强大功能完美地结合在一起。同时 RETAS PRO 不仅可以制作二维动画，而且还可以合成实景以及计算机三维图像。RETAS PRO 可广泛应用于电影、电视、游戏、光盘等多种领域。

5. TVPaint Animation

法国二维动画软件 TVPaint Animation 是一个强大的多功能无纸化动画制作软件，如图 1-15 所示，其功能非常全面，兼容性也很高。它的功能覆盖了制作一部动画片的每一个阶段，无论是前期绘制故事版、中期动画制作，还是后期的特效处理，尤其适合小型动画、漫画工作室使用。TVPaint Animation 完美支持 psd 文件图层导入，支持 avi 视频逐帧导入，支持多种图像和视频音频格式，使之与其他软件的配合使用更加方便。它独具特色的自定义画笔与自定义面板功能，可使用户发挥最大的创意制作画笔与插件来补充它的功能。TVPaint Animation 是一款为插图画家以及 2D 动画师量身定做的软件。其最大的特色莫过于种类繁多的笔刷效果，结合数位板可以最大程度地发挥创作者的个人手绘能力，对于绘画以及动画的发烧友而言，本软件使用手绘板，利用计算机绘画的方式可以满足作者所有的创作。

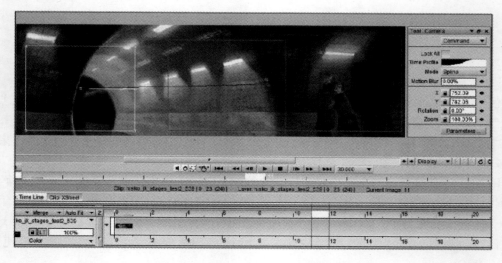

图 1-15　TVPaint Animation 操作界面

6. Animation Stand

Animation Stand 是目前欧美国家最先进的二维动画制作软件，如图 1-16 所示。自 1989 年以来，全世界的动画制作工作室和各家影视公司以及电视台都采用 Animation Stand 二维卡通动画软件，包括全球最大卡通动画公司，如沃尔特、华纳兄弟、迪斯尼和 Nckel-odeon 等。

Animation Stand 的功能包括多方位摄像控制、自动上色、三维阴影、音频编辑、动态控制、日程安排表、铅笔稿测试、特技效果、素描工具、支持无限层和不同平台等，它是一套能够节约大量时间和精力的强大规划制作工具，用于生产最独创的和完全动画化的系列片，能够方便快捷地输出高品质成片、HDTV、视频等。Animation Stand 完全集成的二维制作系

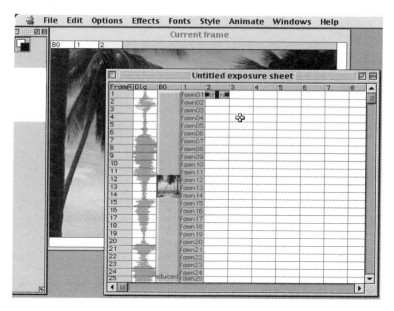

图 1-16　Animation Stand 操作界面

统，依照传统动画生产流程，从最初的扫描到最后的成片或高清广播视频输出全部包揽，无需任何其他软件。

7. Anime Studio

Anime Studio 原名 MOHO，如图 1-17 所示，是专业人士制作 2D 动画的专业软件，它提供了多种高级动画工具和特效来加速工作流程。它用 2D 技术实现了以前只有用 3D 软件才

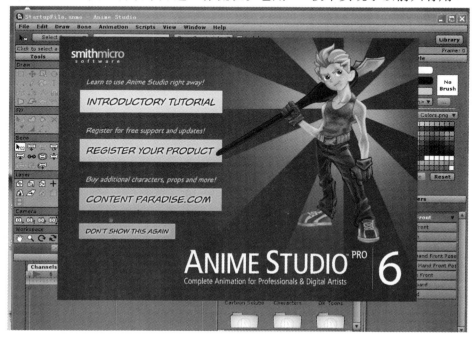

图 1-17　Anime Studio 操作界面

能实现的"bone rigging"功能，能使画有骨骼构造的图片自由活动。Anime Studio 是面向动画片制作者的一款高质量的专业动画创作软件，使用直观的界面、大量预设的角色和内容，可以有效地提升用户的工作效率。法国 2007 年动画长片《太阳公主》就是由 Anime Studio Pro 制作完成的。

1.2 二维动画的发展

1.2.1 中国动画发展史

1928 年世界上第一部有声二维动画电影《蒸汽船威利》诞生，那是美国迪斯尼的米老鼠第一次和世人见面。中国第一部二维手绘动画片《大闹画室》诞生在 1926 年，比世界第一部动画片诞生的 1906 年只晚了 20 年，算到今天已经有 100 多年的历史了，如图 1-18 所示。

图 1-18 《大闹画室》画面片段

1. 1926 ~ 1949 年

中国二维动画的创始人是万氏兄弟（万古蟾、万籁鸣、万超尘和万涤寰），如图 1-19 所示。1919 年，他们看到了《墨水瓶人》等几部美国动画短片，兄弟四人一起投入到制作动画的尝试中。《大闹画室》就是万氏兄弟在 1926 年制作的。在那之后，他们又制作了多部动画，其中还有一部也具有划时代意义的是 1941 年上映的中国第一部动画长片《铁扇公主》，这部动画光胶片就有 9700 英尺长，放映时间长达 80 min。该片在亚洲产生了极大的轰动效应，甚至影响了日本动画巨人手冢治虫。万氏兄弟的动画加入了中国的美术元素，比如工笔画、水墨画等。那个时候的人们称动画片为"美术片"，就是因为那个时期的动画都是通过剪纸、木偶、皮影、绘画等独特的手法制作的，具有浓厚的艺术美感。

2. 1950 ~ 1977 年

20 世纪五、六十年代，中国的美术片迎来了第一个高速发展时期，除了万氏兄弟投入到新中国的动画制作外，一大批技术和艺术方面的人才也在这个时候涌现出来。1957 年，

图 1-19　万氏兄弟

　　上海美术电影厂厂长特伟提出了"探民族风格之路"的口号，从此开始了中国动画的民族风格建设。中国动画艺术家从中国传统文化艺术当中汲取营养，力求表现出中国独有的风格，并取得了骄人的成绩。

　　在动画片《骄傲的将军》当中，民族特色十足，将军的京剧脸谱便借鉴了京戏人物造型，在动作的设计上也采取了京戏的风格。影片的背景音乐恰到好处地运用了民乐，在将军彷徨无助时，琵琶古曲《十面埋伏》响起，画面与音乐完美地结合在一起，达到烘云托月的效果，如图 1-20 所示。1955 年，第一部彩色动画片《乌鸦为什么是黑的》问世，如图 1-21 所示。1958 年，中国动画人制作了中国第一部剪纸片《猪八戒吃西瓜》，为中国动画增添了一个新品种且富有鲜明的民间艺术特色，接着又拍摄了剪纸动画《渔童》（1959年）、《济公斗蟋蟀》《金色的海螺》（1963 年）等影片，吸收了中国皮影戏和民间窗花的艺术特色，将动画形象塑造得生动丰满，也使中国的民间传统艺术得到发扬。1960 年，令全世界惊叹的"水墨动画"横空出世，代表作品就是《小蝌蚪找妈妈》和《牧笛》，这两部动画都在国外获得了极高的评价，而且获得了多个国内外奖项。《小蝌蚪找妈妈》使用了齐

图 1-20　《骄傲的将军》角色与场景设计

白石大师的原画，而《牧笛》里的水牛则是李可染大师的作品，如图 1-22 和图 1-23 所示。

图 1-21　《乌鸦为什么是黑的》片头画面

图 1-22　《小蝌蚪找妈妈》角色场景设计

图 1-23　《牧笛》角色与场景设计

中国二维动画的巅峰之作是《大闹天宫》（见图1-24），这部动画是20世纪60年代初，由万氏兄弟中的万籁鸣导演的，片长120 min，分上下两集（1961和1964年）。在造型、设景、用色等方面借鉴了古代绘画、庙堂艺术、民间年画的特色，又融入中国传统戏曲的表演艺术，描述了家喻户晓的孙悟空，使这一形象跃然银幕，化无形为有形，"挖掘各种艺术表现手段；具有鲜明的民族风格和精湛的艺术技巧"。国外评论说："《大闹天宫》不但具有美国迪斯尼作品的美感，而且造型艺术又是迪斯尼式的美术片所做不到的，即它完全地表达了中国的传统艺术风格""是动画片的真正杰作"这部动画片的制作，在当时得到了国家的大力支持。这部动画片在伦敦国际电影节上获得了最佳影片奖，现在已发行到了40多个国家和地区，整部动画片不仅有优美凝练的人物造型、行云流水的动作设计，还有戏曲音乐的完美结合，充满着浪漫想象的细节处理。

图1-24 《大闹天宫》角色设计

可以说20世纪50年代末到60年代中期是中国动画的一个高潮，也是民族风格成熟的阶段，中国的动画艺术家们积极地致力于新的动画艺术手法的探索和动画技艺的提高。1966~1976年的中国动画进入低谷，虽然后期也出了几部作品，但题材比较受限制。

3. 1977~1985年

这个时期是中国动画的一个复兴时期。在这个新的创作高峰时期里，我们的动画制作不但数量上增加很快，而且在形式和题材也得到不断创新。例如，《哪吒闹海》便是这一时期的代表作之一。该片是一部大型的宽银幕动画，故事情节根据古典神话小说《封神演义》改编，如图1-25所示。哪吒不畏强权、勇斗龙王的气魄让人痛快，动画结尾哪吒看到生灵涂炭，引剑自刎的场面，让人为之动容。《三个和尚》《崂山道士》《孔雀的焰火》《除夕的故事》《水鹿》《女娲补天》《雪孩子》等都是这个时期的作品，如图1-26和图1-27所示。除此之外，剪纸片技术也日益成熟，美影厂又研制成功剪纸"拉毛"新工艺，拍出了水墨风格的剪纸片《鹬蚌相争》，该片荣获第十三届柏林国际短片电影节银熊奖、前南斯拉夫第六届萨格勒布国际动画电影节特别奖、加拿大多伦多国际动画电影节特别奖和文化部1984年度优秀美术片奖，如图1-28所示。1985年出品的《草人》也获得好评，在日本第二届广岛国际动画电影节获儿童片一等奖和国内文化部

1985 年度优秀美术片奖、全国少数民族题材电影"腾龙奖"美术片二等奖。这一片种在国内外都得到认可，且受到广大观众欢迎。

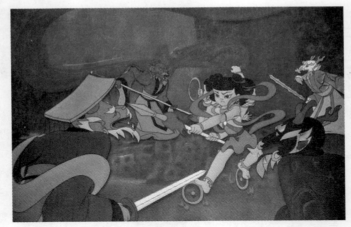

图 1-25 《哪吒闹海》画面

图 1-26 《三个和尚》画面

图 1-27 《除夕的故事》画面

图 1-28 《鹬蚌相争》画面

4. 1985~1995 年

　　1985~1995 年的十年间，国产二维动画也涌现了一些好作品，给人留下最深刻印象的是一些动画系列片，比如《葫芦兄弟》，这部上海美术电影制片厂于 1986 年原创出品的系列剪纸动画，不论情节、色彩都有明显的中国风格，如图 1-29 所示。另外还有《天书奇谭》《邋遢大王历险记》《舒克和贝塔》，如图 1-30~图 1-32 所示。二维水墨动画《山水情》在国内外获得了多项大奖，但是，它也被称为中国水墨动画的绝唱，因为此时这种精工细作的电影动画已经开始走向衰落，慢慢地开始转向了后来的学院派，而产业化模式制作的外国动画片已经开始冲击国产动画市场，如图 1-33 所示。1985 年后，很多中外合资的动画公司进入了中国市场，例如《米老鼠与唐老鸭》《变形金刚》《花仙子》《铁臂阿童木》等，这些动画大多题材新颖、想象奇特、色彩鲜明，受到了中国观众的欢迎。

图 1-29 《葫芦兄弟》画面

图 1-30 《天书奇谭》画面

图 1-31 《邋遢大王历险记》画面

图 1-32 《舒克和贝塔》画面

图 1-33 《山水情》画面

5. 1995 年至今

1995 年至今，随着通信技术和网络的发展，国外的动画几乎可以同步进入国内，相比之下，国产动画步入低谷。但是还是有几部动画片值得一提。1999 年与国外合作的动画片《宝莲灯》耗时 4 年，投资 1200 万，大量地使用二维动画和三维动画，这在当时的中国还是首创，如图 1-34 所示。为了适合更加广泛的观众群体，这部动画片还邀请了徐帆、姜

图 1-34 《宝莲灯》画面

文、陈佩斯等名人为动画配音，还有李玟、张信哲、刘欢为它演唱主题歌，获得了很好的市场收益。但这部动画也有不足之处，比如有模仿美国动画的痕迹，它的内容定位仍然有低龄的嫌疑。这些年，动漫爱好者的热情、努力，加上国家的重视和支持，使得越来越多的动漫产业基地和动画公司在国内建立起来，这些公司也制作出了大量精美的动画片作品。仍然有很多人在坚持进行青少年动画的尝试，比如动画《隋唐英雄传》、电影动画《梁祝》《雨石》《风云决》也都是很优秀的作品，如图1-35～图1-37所示。近些年随着国家政策的进一步推进，国产二维动画有了长足进步，甚至开始制作二维动画电影，比如《喜羊羊与灰太狼》等，如图1-38所示。

图1-35 《隋唐英雄传》画面

图1-36 《梁祝》画面

中国动画片所达到的艺术水准不仅得到国际的首肯，而且使具有中国民族特色的动画片深入到世界民众当中去。可是由于1966～1976年中国动画低谷的影响，中国的动画事业受

图 1-37 《风云决》画面

图 1-38 《喜羊羊与灰太狼》画面

到了阻碍，发展缓慢。1976 年后百花开放，我国的动画事业也迎来了它的第二个春天。中国的动画人以更大的热情投入到动画创作当中，并取得可喜的成绩。中国动画虽然有低潮，但在国家的政策支持下实行开放政策，扩大对外交流，中国的动画业也更多地与国际接轨，呼吸更多的新鲜空气，呈现出一片生机盎然的景象。所以，动画制作者和动画爱好者共同相信，中国动画一定会迎来它再一次的辉煌。

1.2.2 其他国家动画发展史

二维动画发展最快、最成功的国家是美国和日本，它们一直以来引领着世界动画的潮流和方向，这里我们就以这两个国家的二维动画发展历程为例来介绍其他国家二维动画的发展。

1. 美国二维动画的发展

美国的动画市场非常成熟，并借助电影业的飞速发展而不断完善自己。在世界动画史上，美国动画占有重要的地位，尤其是传统二维动画一直引领着世界动画片的潮流和发展方向。它拥有比较成熟的商业动画运作模式，也拥有众多运作非常成功的制片厂以及世界一流的动画设计和制作的人才资源，所以它是当之无愧的电影和动画王国。

要介绍美国二维动画片的发展，就不得不介绍美国的商业动画影片，这其中动画公司的成长也就代表了美国二维动画的发展。

（1）迪士尼公司

1919 年第一次世界大战结束后，沃尔特·迪士尼开始为动物卡通做广告，如图 1-39 所示。1922 年，时年 22 岁的沃尔特孤身从老家来到了好莱坞，创立了属于自己的动画创作工作室，开始了艰苦创业的历程。

1925 年 7 月，25 岁的沃尔特·迪士尼和哥哥洛伊·迪士尼创立了迪斯尼兄弟制片厂，拍摄了《爱丽丝梦游仙境》及其系列片。同年，迪斯尼推出的《兔子奥斯华》获得社会广泛认同并产生巨大的影响。"迪斯尼兄弟公司"于 1926 年正式改名为"沃尔特·迪士尼公司"。

图 1-39　沃尔特·迪士尼

1928 年是迪士尼公司最辉煌的一年，迪士尼动画的品牌形象得到了确立，动画的市场运作也取得了巨大的成功。迪士尼的首部有声动画片，也是世界上第一部有声动画电影，米老鼠系列第三部《蒸汽船威利》也是在这年诞生的，如图 1-40 所示。乐观进取、快乐天真的米老鼠，胆小、憨厚、敏感的普鲁托，土里土气、毛手毛脚、反应迟钝又自以为聪明的高飞狗，以坏脾气著称的唐老鸭等动画明星陆续诞生。这些动画明星不仅为迪士尼带来了荣誉，也为其带来了巨大的商业利润。它们的形象被开发为玩具、文具、服装、家居用品等衍生产品，深受人们喜爱，尤其是孩子们。

图 1-40 《蒸汽船威利》画面

　　迪士尼公司从 1929～1939 年共拍了 60 多部动画短片，这些动画片也取得了相当不错的成绩，几乎把这十年里所有的奥斯卡最佳动物短片奖收入囊中，例如 1932 年的世界上第一部彩色动画《花与树》（见图 1-41）、1933 年的《三只小猪》、1934 年的《龟兔赛

图 1-41 《花与树》海报

跑》、1935 年的《三只小猫咪》、1936 年的《乡下表亲》、1937 年的《老磨坊》、1938 年的《斗牛费迪南》和 1939 年的《丑小鸭》。1937 年拍摄完成的世界首部二维动画长片《白雪公主》，如图 1-42 所示，这部动画片很快在世界风靡开来，使迪士尼公司成为美国乃至世界的动画王国。因此，1937 年成为了迪士尼动画发展的标志年，同时也是美国动画发展的标志年。

图 1-42 《白雪公主》场景画面

1939～1966 年的 27 年时间里，迪士尼公司创作出了许多脍炙人口的作品，比如：1940 年的《木偶奇遇记》（见图 1-43）、1941 年的《幻想曲》、1942 年的《小鹿斑比》（见图 1-44）、

图 1-43 《木偶奇遇记》画面

1946 年的《南方之歌》、1950 年的《仙履奇缘》、1951 年的《爱丽丝梦游仙境》、1953 年的《小飞侠》、1961 年的《101 忠狗》、1963 年的《石中剑》。以上这些影片都是迪士尼亲自领导创作的。

图 1-44 《小鹿斑比》画面

20 世纪 70 年代的时候，迪士尼公司又制作了《救难小英雄》《罗宾汉》等动画影片。20 世纪 90 年代后，迪士尼公司的影片内容开始向其他国家的文学、故事题材扩展，丰富了影片内容，拓展了创作思路，产生了诸如《狮子王》《风中奇缘》《花木兰》等作品，让人赏心悦目，如图 1-45 和图 1-46 所示。

图 1-45 《狮子王》画面

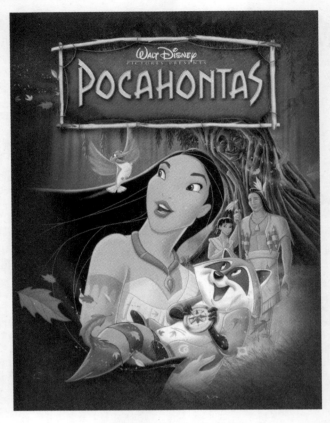

图 1-46 《风中奇缘》海报

　　1995 年迪士尼公司与皮克斯动画工作室合作，利用计算机技术，推出了第一部三维动画片《玩具总动员》，逼真的视觉效果再一次征服了观众。随后又陆续推出《海底总动员》《超人总动员》《长发公主》《冰雪奇缘》等三维动画，如图 1-47 和图 1-48 所示。

图 1-47 《超人总动员》角色设计

图 1-48 《冰雪奇缘》宣传海报

通过迪士尼人的勤劳与创造，今天迪士尼公司不仅在商业动画领域的领先地位仍然无人可及，迪士尼乐园更是人们的梦想游乐园，迪士尼的业务范围之大也是令人咋舌。目前其主要业务包括娱乐节目制作、主题公园（见图 1-49），玩具、图书、电子游戏和传媒网络。皮克斯动画工作室（PIXAR Animation Studio）、惊奇漫画公司（Marvel Entertainment Inc）、试金石电影公司（Touchstone Pictures）、米拉麦克斯（Miramax）电影公司、博伟影视公司（Buena Vista Home Entertainment）、好莱坞电影公司（Hollywood Pictures）、ESPN 体育，美国广播公司（ABC）都是其旗下的公司（品牌）。迪士尼还于 2012 年 11 月收购了卢卡斯影业。

图 1-49 迪士尼乐园

（2）华纳电影公司

华纳兄弟公司成立于 20 世纪 20 年代，并于 20 世纪 30 年代开始动画片的制作之路，但是途中遇到困难，曾一度关闭了动画部门，直到 20 世纪 90 年代才重新拾起动画制作这个行当。

1930 年，华纳公司开始制作时长 6 min 的系列动画短片，如《兔巴哥》《疯狂曲调》《达菲鸭》《快乐旋律》《猪豆子》等，如图 1-50 和图 1-51 所示，这些短篇获得当时电影公司的青睐，成为这些公司电影前播放的首选。其中诸如兔八哥和达菲鸭这样的角色成为了历史上的经典动画明星，而当中最耀眼的明星还得数兔八哥，它曾经 3 次获得奥斯卡提名，并且在 1958 年成为了奥斯卡小金人得主。

图 1-50 《兔八哥》海报

图 1-51 《达菲鸭》海报

《猫和老鼠》是由好莱坞动画界的传奇人物威廉·汉纳和约瑟夫·巴伯拉于 1939 年共同创作的，它是美国华纳兄弟公司的著名动画品牌（见图 1-52），也是世界上最优秀的动画片之一。这部动画片问世以来，一直备受世界影迷的热烈喜爱，它创造的业绩至今仍然很耀眼。

图 1-52 《猫和老鼠》动画片头

1988 年的《谁陷害了兔子罗杰》和 1996 年的由篮球巨星迈克尔·乔丹出演的《空中大灌篮》两部动画影片，就是由华纳推出的，曾经产生了巨大的轰动效应，如图 1-53 所示。

图 1-53 《空中大灌篮》画面

除了迪斯尼公司和华纳电影公司之外，美国其他的动画公司也陆续制作出一些著名的二维动画片与动画角色，例如，汉纳巴贝拉公司的《摩登原始人》《瑜伽熊》，梦工厂的《埃及王子》等，如图 1-54 和图 1-55 所示。

图 1-54 《摩登原始人》海报

图 1-55 《瑜伽熊》海报

2. 日本二维动画的发展

日本动画已有 90 多年的历史，日本的二维动画与漫画在世界有很高的地位，现在日本也是仅次于美国的动画大国。近几年日本动画系列片有了长足的发展，尤其是二维系列动画的制作更是达到了顶峰。

（1）1917～1945 年

这段时期的日本动画在前期主要是以世界名著为题材，后期的动画题材则离不开宣传、夸耀日本军事力量的路线。如 1942 年的《海之神兵》即为此类。但是这也造成了战斗、爆炸画技的进步，是今日日本动画最引以为傲的技术，如图 1-56 所示。

图 1-56 《海之神兵》画面

（2）1945～1974 年

1945 年第二次世界大战日本战败后，直到 1974 年，有些人鉴于战争的教训，开始将反战题材用在动画上。这种题材影响深远，直到现在还颇为流行。另外也有些人尝试不同的动画题材，像 1968 年《太阳王子大冒险》就是一个成功的例子，也成为了后来高水准动画的基础，如图 1-57 所示。像 1970 年《无敌铁金刚》则是超级机器人动画的始祖，该作品在欧洲地区取得了很大成功，其续集《UFO 机器人古莲泰沙》甚至在西班牙与法国取得的接近 100% 收视率的盛况。

图 1-57 《太阳王子大冒险》海报

(3) 1974～1993 年

《宇宙战舰》是日本动画史上第一部剧情片，由松本零士负责脚本及人物设计。该片在电视上播出后，造成"松本零士旋风"。后来有《永远的大和号》《宇宙战舰完结篇》等电影，寿命长达十年。在该片后，松本零士另有《银河铁道 999》（见图 1-58）、《一千年女王》等受欢迎的作品。继松本零士后，由富野由悠季原作小说改编而成的《机动战士》在 1979 年开始上演，由于剧情结构复杂而严谨，受到动画迷热烈的支持。该片后来的 3 部电影非常卖座。自 1982 年《超时空要塞》上演至 1987 年，该时期由于人们追求视觉享受，因此动画画技力求突破，如图 1-59 所示。《超音战士》利用加强视觉残留现象的画法，在每秒 32 张的限制下，达到爆炸性的动感效果，如图 1-60 所示。《超时空要塞》创新的视点快速移动效果，造成极佳的动感；《风之谷》和《天空之城》精细写实的背景，如图 1-61 所示；《机动战士——逆袭》中用每秒 80 张的空前魄力作画来表现战斗画面的速度感，也是一种特殊技术创新；《机动战士 Z》和《机动战士 ZZ》的强调反光、明暗对比等，皆对后来的动画贡献很大，如图 1-62 所示。由于题材已确定，加上画技的突破，使得佳作迭现。日本动画发展至本时期结束时（1987 年），剧情、内容、画技皆已达到极高的水准。于是动画进入了成熟期，出现数部佳片，如《古灵精怪》、电影《机动战士 GUNDAM - 逆袭》及《王立宇宙军》、日本电视史上第一部以高中生以上为主要对象的文艺动画连续剧《相聚一刻》等。其中《相聚一刻》曾获得 1988 年日本动画优秀作品排行榜第二名（该年排行第一是《圣斗士星矢》）；另外还有《天空战记》《机动警察》等多部佳作，《天空战记》曾获得 1989 年动画排行第一名，如图 1-63 所示。

图 1-58 《银河铁道 999》角色设计

图 1-59 《超时空要塞》画面

图 1-60 《超音战士》角色设计

图 1-61 《天空之城》场景画面

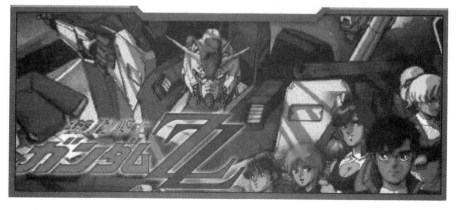

图 1-62 《机动战士 ZZ》画面

图 1-63 《天空战记》海报

（4）1993 年至今

1993 年起，在画技、制作手法、构思设计方面都日趋成熟的日本动画，开始追求风格上的创新，试图突破原有的模式，以完善的技巧加上超越时空的构思带给观众全新的感官冲击。电影《攻壳机动队》完全摒弃以往动画明快轻松的风格，阴郁而压抑，冷酷带有对命运的困惑，与人类虽然身处高科技社会，但却无法摆脱未来的不安彷徨与孤独相呼应。由庵野秀明监制的电视《新世纪福音战士》（见图 1-64）则选择与以往的热血主角们完全不同的个性——自闭少年真嗣为主人公，在看似普通的怪兽交战、保卫地球的情节中，通过真嗣感受到一份渴望被需要，梦想被爱又害怕背叛而在自己与他人之间筑起屏障这种种矛盾与孤寂的心情来折射现代人心理。直到今天，人类对自身的思考也逐渐深刻，而同时日本的动画也开始越来越关注贴近现实与心理方面的剖析，由原本普遍表现爱与友情的主题转为更加注重人性的刻画。

图 1-64 《新世纪福音战士》画面

日本二维动画的题材呈现出多样化的特征。在创作的主题和题材上，日本动画不再单纯地注重过去，而是转向现在，转向世界和宇宙，用新的观念和方法去创作。对传统的文化、外来的文化进行现代化的改造，更多地关注思想、关注人类，具有开拓创新的精神。陆续制作出针对社会不同年龄、不同层次人群观看、欣赏的动画片，一般来说有影院动画《龙猫》、系列电视动画《聪明的一休》、儿童片《樱桃小丸子》、青春片《美少女战士》、体育片《灌篮高手》、侦探片《名侦探柯南》、热血动画《火影忍者》《海贼王》等，如图 1-65 和图 1-66 所示。

图 1-65 《美少女战士》角色设计

图 1-66 《海贼王》海报

1.3 二维动画的制作流程

1.3.1 传统二维动画

所有动画的制作过程，无论规模大小或者种类差别，大致可以分为：前期策划、中期制作和后期合成 3 个阶段。传统二维动画的制作流程主要是中期制作过程与其他动画类型有所不同。下面就来探讨一下传统二维动画的制作流程，如图 1-67 所示。

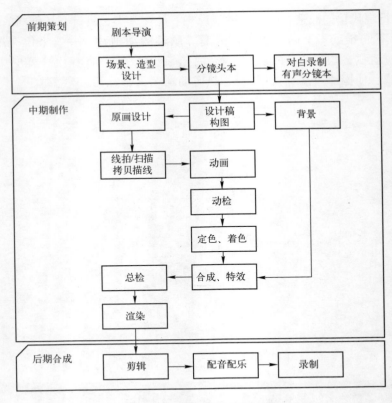

图 1-67　二维动画制作流程图

1. 前期策划阶段

1）策划：动画制作公司、发行商以及相关产品的开发商，共同策划应该开发怎样的动画片，预测此种动画片有没有市场，研究动画片的开发周期，资金的筹措等多个问题。

2）文字剧本：开发计划确定以后，就要创作合适的文字剧本，一般这个任务由编剧完成。可以自己创作剧本，也可借鉴、改编他人的作品。

3）角色造型设定：要求动画设计人员按照剧本设立创作出片中的人物造型。

4）场景设计：场景设计侧重于人物所处的环境，高山还是平原、屋内还是屋外、哪个国家、哪个地区，都要一次性将动画片中提到的场所设计出来，同样参考剧本和角色造型的绘画风格。

5）文字分镜头脚本：将动画剧本通过文字分切成可供拍摄的镜头的一种文学载体。导演按照自己对剧本的研究和理解，将动画剧本提供的艺术形象和故事情节进行增删取舍。把需要表现的内容分成镜头描述，要求包括镜头编号、时间长度，注明镜头内画面内容、台词、声音效果等。

6）画面分镜头脚本：画面分镜头是动画特有的以画面及文字示意的文字分镜头脚本。根据文字分镜头脚本绘制出每个镜头画面内容，包括角色运功、场景效果、景别大小、镜头调度、光影效果等视觉元素。此外还要有相应的文字说明，包括镜头时间长短、动作描述、对白、音响效果、镜头转换方式等。画面分镜头脚本工作细致、复杂，通常由导演和助手完成，画面分镜头的预览相当于动画的设计蓝图。

2. 中期制作阶段

1）镜头设计稿：根据画面分镜头脚本的每个镜头画面，经过加工放大成可供拍摄的画稿，绘制时要考虑镜头的合理性、画面构图以及空间关系。设计稿要有画面规格设定、镜头号码、背景号码和时间规定等，动画的每一帧基本上都是由两部分组成，下层是背景设计稿，上层是角色动作设计稿。背景和角色制作中分别由两组工作人员来完成。

2）绘制背景：背景是根据美术设计的场景气氛图，逐个镜头绘制出角色活动的彩色场景画稿。

3）原画：镜头中的人物或动物、道具要交给原画师，原画师将这些人物、动物等角色的每一个动作的关键瞬间画面绘制出来。

4）动画中间画：动画师是原画师的助手，他的任务是使角色的动作连贯。原画师的原画表现的只是角色的关键动作，因此角色的动作是不连贯的。在这些关键动作之间要将角色的中间动作插入补齐，这就是动画中间画。

5）作画监督：也就是进行质量把关。生产一部动画片有诸多的工序，如果某一道工序没有达到相应的要求肯定会影响以后的生产工作。因此在每个阶段都应有一个负责质量把关的人。

6）描线：影印描线是将动画纸上的线条影印在赛璐珞上，如果某些线条是彩色的，还需要手工插上色线。

7）定色与着色：描好线的赛璐珞片要交与上色部门，先定好颜色，在每个部位写上颜色代表号码，再涂上颜色。

8）总检：准备好的彩色背景与上色的赛璐珞片叠加在一起，检查有无错误。比如某一张赛璐珞上人物的某一个部位忘记上色，画面是否干净等。

3. 后期合成阶段

1）摄影与冲印：摄影师将不同层的上色赛璐珞片叠加好，进行每个画面的拍摄，拍好的底片要送到冲印公司冲洗。

2）剪接与套片：将冲印过的拷贝剪接成一套标准的版本，此时可称它为"套片"。

3）配音、配乐与音效：一部影片的声音效果是非常重要的，可以请一些观众熟悉的明星来配音。好的配乐可以给影片增色不少。

4）试映与发行：试片就是请各大传播媒体、文化圈、娱乐圈、评论圈的人士来欣赏与评价。评价高当然好，不过最重要的是要得到广大观众的认可。

1.3.2 Flash 动画

Flash 作为现在比较流行的二维动画软件，比传统动画在工序流程有一定简化和较多的削减，制作周期大为缩短。传统动画片虽然有一整套制作体系保障它的制作，但还是有难以克服的缺点。一部 10 min 的普通动画片，要画几千张画面。像大家熟悉的《大闹天宫》，120 min 的片长需要画 10 万多张画面。如此繁重而复杂的绘制任务，需要几十位动画作者花费 3 年多时间才能最终完成。传统动画片在分工上非常复杂，要经过导演、美术设计师、原画、动画、绘景、描线、上色、校对、摄影、剪辑、作曲、对白配音、音乐录音、混合录音、洗印等十几道工序，才可以顺利完成。动画的中期制作是不同种类动画的区分，Flash 动画的前期策划和后期合成与其他动画没有区别，只是在中期制作使用了 Flash 软件来完成。目前，Flash 动画主要分为商业用途和个人创作，包括产品广告、网站、故事短片、MTV 等。Flash 动画作者从接到任务到最后分布完成，差不多都是一个人。虽然 Flash 动画相较于传统动画来说，在画面动作衔接上不太流畅，略显粗糙，但是有自己特有的视觉效果。比如，画面往往更夸张起伏，以达到在最短时间内传达最深感受的效果，适应现代观众的审美需要。在制作周期上，半小时的节目，若用 Flash 技术制作，3~4 个月就可完成，若用其他技术通常需用 10~14 个月。

1. 角色造型设计

1）初步设计，画出角色的正视图（铅笔稿或是电子版）。

2）画出每个人物的五视图（正视角、侧视角、背视角、正面四分之三视角的图、背面四分之三视角的图），并且用线标出人物在各个视角中头部、上身、下身的高度。

3）制作原件，把角色人物在 Flash 上画出来，新建立角色 Flash 文件。

人物原件 Flash 文件按照顺序设为层数，每个需要动的原件设置为一个原件，把整个人物全都放在一个大的原件里。关键是要把每个原件的中心点挪到它和上一个原件连接的连接点，并且在上一个图层遮挡的下边多画出一部分，以便调整动作。

4）完成色指定，给角色上色。

先给 Flash 角色的正视图上色，确定下来之后再给所有的图上色，通过了之后，制作颜色表，把每个部分的颜色用色彩和那个颜色的数值确定下来，依照颜色表给角色所有的视角上色。

5）制作角色库。

把所有角色的所有视角图分门别类排列在库中，每个角色都是一层，并把层命名为该角色的名字。

2. 场景设计

1）初步设计，画出本镜头场景的正视图（铅笔稿或是电子版），画出本场景所需要的多个角度。

2）完成色指定，给场景上色。新建立场景上色 Flash 文件的时候，先给场景的正视图上色，确定下来之后再给所有的图上色，通过了之后，制作颜色表，把每个部分的颜色用色彩和那个颜色的数值确定下来，依照颜色表给所有的场景上色。

3）制作场景库

把所有场景的所有视角图分门别类排列在库中，每个场景都是一帧，并把层命名为该场景的名字。

3. 动作设计

1）新建立动作 Flash 文件。

2）建立动作原件。

3）制作动作库。把所有动作的所有视角图分门别类排列在库中，每个动作都是一帧，并把层命名为该动作的名字。

4. 镜头合成

1）新建镜头 Flash 文件。

2）Flash 文件中每个场景就是一个镜头。

3）在本镜头中每一层都要起为本层动画的名字。如果在本层上做别的动画，在动画的最前一帧上标出动画的名字。

4）在本镜头制作的要件都要存成原件。

5. 声音合成

1）完成动作特效音。

2）公司视频部计算机里有音乐库和声音特效，或者去网络下载。

3）单个动作音效根据动作来配备，可以直接在 Flash 的层上添加，不过要在层名字上的标上音乐层。还可以在 Flash 上编辑特效和一些音乐。

6. 后期合成

1）把所有镜头合成到一起，建立合集文件。起名为"片名＋合集－时间"。

2）有多少的镜头文件，就在 Flash 文件中建立多少个场景。

3）再把相应的镜头文件打开，复制、粘贴帧，把一个个的镜头文件复制到合集中。

4）整体音乐要根据整个片子的感觉来完成。

5）无误后生成视频格式。

1.4 二维动画的绘画基础

1.4.1 速写基础

动画是画出来的艺术，这是人们对动画最直接明了的印象，体现了动画作为一门综合艺术在形式和内容上、目的和手段上、主题和载体形式上最重要的特征。"动"是动画的主题、目的和内容；"画"是动画的手段，也是形式。"画"作为形式和手段，它不仅是动画赖以生存的前提和出发点，更关乎一部动画影片艺术风格的走向和趣味，是动画的艺术品质得以保证的基本条件。传统动画师和大多数主流计算机动画师绘画的水平都很高，绘画应该成为动画师的一种本能，这样一来，动画师才能全神贯注于人物的动作、动作的节奏描绘并使表演栩栩如生。现在很多专业院校的学生都在一门心思地忙着学习计算机制作软件，忽视了绘画基础的训练，没有意识到计算机只能作为一种快捷方便的工具使用。《谁陷害了兔子罗杰》的导演理查德·威廉姆斯说："我坚信一个绘画功底很强的动画师会从各种方面落笔生花。从最困难的、最现实的到最狂野的、最古怪的，他应该什么都能画，而且他永远都不会才思枯竭。"

1. 写生训练

写生训练是最基本的造型训练。写生是学习造型艺术学生的一门必修课，学习动画造型艺术，写生也是必不可少的。写生训练不只是表面的描绘，还要对描绘对象进行全面的剖析，并学习运用多种不同的表现手法去表现同一物体。动画师要像雕塑家一样做到从结构到外形由里至外地绘画。因此，动画专业的写生训练要注重系统、全面的绘画技巧训练，如同一模特的不同角度、不同动态都要刻画，并加以研究。

1）结构素描练习，如图 1-68 所示。要从不同角度观察对象的构造，充分理解体积与结构的关系，引导学生在写生过程中透过表面意象抓住对象构成的本质要素。通过结构素描可以培养正确的观察方法和准确深入的形象刻画能力。

2）头部转面练习，如图 1-69 所示。头部形象是动画角色设计的关键，要熟悉角色头部的特征，必须掌握头部的基本结构和比例，一切变形都是在这些基本特征的基础上进行的。

图1-68　结构素描练习

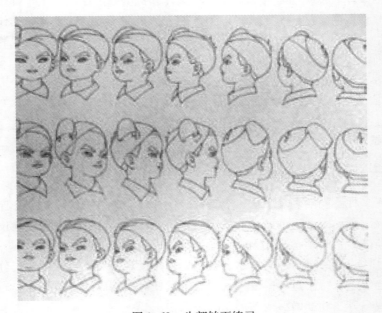

图1-69　头部转面练习

3）动态转面练习，如图 1-70 所示。理解人体的关节和肌肉关系，要抓住相机所拍不到的那种真实，要突出角色的某些特征以使其生动。必须掌握写实和真实的动作，只有学习人类或动物的身体结构，才能理解身体的动作特征。

图 1-70　动态转面练习

2. 概括训练

1）形体概括归纳，如图 1-71 所示。任何复杂的形体都可以概括归纳为几何形体。人们利用几何形体的归纳概括，对于正确认识、理解与把握形体关系会起到事半功倍的效果。

图 1-71　形体概括练习

2）几何形体转面练习，如图 1-72 所示。用简化的几何形体进行造型训练是行之有效的办法，也有利于对同一形体不同角度加强理解，同时更是角色造型转面设计的基础方法。对于块面的理解和形体的转折，切面的转面训练是必要的，能使我们对不同角度的块面与透视的关系有了直观的比较与认知。

图 1-72　几何形体转面

3. 动态速写训练

　　表现动态的能力是从事动画创作的基本条件，如图 1-73 所示。动态速写是动画表现动作的根本性技能训练，捕捉动态要注重外部形态的理解与积累。拥有丰富的解剖知识对于动画师是极为重要的，了解人体或动物的生物结构可以极大地改善绘画的质量，帮助动画师更好地掌握动作要领。我们可以用 3 min 快速完成静态效果，然后用 2 min 绘制下一个动作，也可以到公共场所，例如车展、商场等地画人物与环境的关系，还可以每天以动画日记的形式记录自己的生活和思想。

图 1-73　动态速写练习

1.4.2　色彩基础

　　色彩在动画中作用非常重要，它除了是动画造型因素之一，也是用来表达导演某种意图和寓意的常用手段之一。例如二维动画《狮子王》中刚开始时太阳升起，照亮大地，色调应用渐变形式，不仅表现新的一天开始了，而且预示着木法沙所统治的国度欣欣向荣。到结束后，辛巴打败刀疤，破败不堪的国家又重新恢复了往日的辉煌，色调从蓝灰地叠化到暖黄绿，体现着一种时间推移，也说明了辛巴像父亲一样，能够把整个国家治理好，给人们一个美好和满足的结局，如图 1-74 所示。

图 1-74　《狮子王》场景

　　色彩的表现力能够创造情调与意境，提升主题思想和审美境界，增加故事的含义和深度。在动画制作中，色彩作为一种重要的构成要素，其作用是有目共睹的。读者要学习和应用色彩设计原理来表达自己的意愿，或根据导演意图发挥最大限度的想象力和更广泛、最深刻的审美境界，以唤起观众强烈的视觉与心理感受。为了达到这样的目的，我们必须按照色彩理论和法则，按照动画创作规律进行严格的静止与运动画面的色彩训练，将理性色彩知识灵活地融入于感性的色彩实践中，使读者在实际应用中有更多的主动权和自由的表达能力。所以除了练习色彩写生之外，还要进行色彩运用规律研究，掌握用色的经验对于动画的视觉设计也是十分重要的。这种能力的培养要经过自身素质的提高和循序渐进的知识积累才能达到。

第 2 章　二维动画的基本训练

本章节要点

- 动画中线条的表现方法和要求
- 各种中间画的画法

2.1　二维动画线条的表现与要求

　　二维动画主要以线条为主要表现形式，当然也有用色块的表现，不论哪种形式在前期的设计以及在后期的制作中都离不开线条。在二维动画中线条基本要求自然、流畅、均匀，但也不能忽略不同风格影片的不同形式的线条表现。作为一个专业从事者，不能将所有的线条画成一样的味道，一样的粗细，一样的风格。在制作动画片前，一定要先观察其他动画片的风格、造型的变化，找出差异性，如图 2-1 ~ 图 2-3 所示。

图 2-1　动画片《大闹天宫》中使用粗细均匀的线条

图 2-2　动画片《米芽米咕人》中使用粗细有变化的线条

图 2-3　动画片《麦兜的故事》中使用不规则抖动的线条

线条是二维动画中主要的图画表现形式，通过铅笔勾画角色造型和场景，因此线条的好坏将影响动画片的质量。虽然不同风格的动画片的线条表现有所差异，要求也有所不同，但是大多数二维动画片的线条要求是统一的。二维动画的线条要求如下：

1）不断线：为了不影响后期的上色工作，在绘制动画时一定要将每个区域闭合，不能断线，特别是接点和转折处，包括阴影的区域。对于有些无边线的表现形式，可以将线条颜色与色块颜色设置一致。

2）不漏线：对于一些比较复杂的动画形象，由于线条的繁琐，很容易将一些不明显的短线漏掉，漏线将会使画面产生抖动，从而影响动画的质量。因此在绘制时一定要细心，多做检查，尽量减少不必要的返修。

3）画面保持清洁：动画纸必须保持清洁干净，画面不干净会影响后面的复印和扫描上色的工作。在绘制时可以用一张干净的纸垫在动画纸上面或带上薄手套。

4）纸张不能破损：动画人员在绘制动画时经常翻动纸张、旋转纸张对位，由于为了保持透写性，动画纸都比较薄，因此动画纸比较容易破损，尤其是定位孔的位置。当定位孔损坏后，纸张变得松动，画面的位置对位不准，在播放时画面就会抖动。如果破损要及时更换动画纸或粘贴好。

5）线条要准确：动画人员在复制绘制动画形象时，必须做到和原来的形状、大小一样，准确无误。不能走形、跑线或者含糊不清。

6）线条要均匀：整个画面的线条要统一，线条不能时粗时细，要均匀。不均匀的线条会增加画面的抖动。

7）线条要有力：在描绘动画线条时，线条必须要肯定、有力，不能抖动，不能有虚线和双线，不要看出有接点。

8）线条要流畅：用笔要流畅、圆润，线条富有生气和活力，能够表达所画角色的神情与美感。

2.2 二维动画线条的练习

线条是二维动画的一种重要表现形式，因此练好线条是二维动画工作者重要的基本功之一。对线条的把握没有更好的捷径，只有不断地反复练习，才能掌握线条的要领，更好地表现动画画面完美的效果。

在二维动画中，主要有两种线条形式：第一种是直线，直线可以组成一些复杂的线条和形状，多用在动画中一些道具、场景和一些角色造型身上的附属品，极少数用于特殊风格动画中的人物造型；第二种是曲线，曲线可以是规则的，也可以是不规则的，是二维动画中用得最多的线条，如图 2-4 所示。

图 2-4 直线、曲线

2.2.1 绘制线条的方法

虽然刚开始绘制一条合格的线条有一定的难度，但只要勤于练习，掌握一定的方法，就能得心应手。

1）握笔稳：在描绘线条时切忌手抖动。新手刚开始练习时，对于握笔的轻重把握不好，会造成画出的线条抖动、不均匀。当要描画时，一定要记住拿笔既不要太用力，也不能太无力，手腕放轻松，用适度的力量去描绘，这样才可以防止抖动，用笔更稳。

2）随时变换纸张角度：由于人的手腕活动范围是弧形的，当小臂移动时支撑点也会移动，所以绘制较长的线条时容易弯曲，这时将纸张改变一下方向，效果会更好。

3）掌握接线处用笔的变化：在二维动画中一些长线条不可能一气呵成，需要分成几段画出，但不论线有多长，绝对不能出现明显的接口，因此在前一段线的末端用笔要逐渐变轻，后一段线的前端要从轻逐渐变重，这样才能使线条的接口处更加自然。

4）选择合适的接线点：线条的链接点最好选择在造型原有的接触点上，如果是长曲线的话最好选择较直的位置，绕过线条的转弯处，并在较容易修改的地方尽可能一笔带过。

2.2.2 线条的练习方法

1. 线条徒手练习法

在纸上用铅笔任意勾画出直线、曲线、各种形状等。通过反复练习，做到铅笔线条粗细均匀、挺直、流畅、自如。

2. 线条复制练习法

在纸上用尺子、圆规等绘图工具画出各种大小不一、形状多样的线条和形状，上面附上一张纸，描绘透出的线条，尽可能保持与源线条一致。

3. 线条衔接练习法

在一根直线、弧线的末端，再连接一根延续的线条，尽量使线条之间的衔接处不露痕迹，让人觉得前后线条是一笔画出的。

4. 形象复制练习

在绘制动画时，复制整个形象或部分形象是经常遇到的事情。要通过多次的复制练习，才能做到准确、熟练，使线条符合高质量的要求。

2.3 分割中间画

分割中间画也叫"中割"，就是在两个相关位置的线条中间画出另一新的线条。如图2-5和图2-6所示，利用中割技巧可以更简单地实现两张不同位置的物体在设定好的空间内移动。

要想灵活掌握中割技巧，还要多观察多动脑。不是所有的线或形状都能完全中割，只有物体平移的情况下才可以。在大部分情况下，物体的动作是有角度变化或是扭曲的，这就需要仔细观察和推敲物体的运动原理。图2-7和图2-8是两种中割案例，通过这两种案例，可以对中割技巧有一个正确的认识。

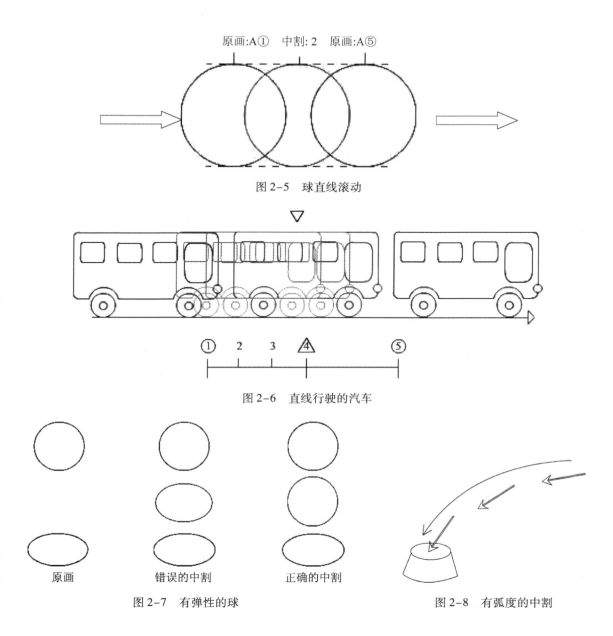

图 2-5 球直线滚动

图 2-6 直线行驶的汽车

原画　　　　　错误的中割　　　　　正确的中割

图 2-7 有弹性的球　　　　　　图 2-8 有弧度的中割

2.3.1 中间线的练习

　　在动画中任何的造型都是由线条组成，想要掌握对中间画的绘制，就必须从画中间线的基础练习入手。先从简单的线条入手，用目测的方法找出两条线的中间位置，培养找出中间位置的能力，再逐渐增加难度，逐步准确地找出中间张。

　　1. 平行直线的中间线练习

　　这是一种最简单的中间线画法，在两条线的两端轻轻地画出辅助线，找出中间位置做好记号，将两点链接在一起，如图 2-9 所示（图中，①、⑤为原画，3 为中间画，以下同）。

2. 平行弧线的中间线练习

与平行直线的画法相似，但为了更准确地画出中间的弧线，还是要多做一些辅助点，如图 2-10 所示。

3. 相交折线的中间线练习

这种线要比直线多一个点，同样找出 3 个端点的中间位置将其连接，如图 2-11 所示。

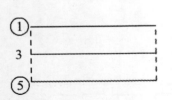
图 2-9　平行直线的中间线

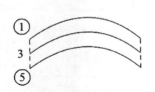
图 2-10　平行弧线的中间线

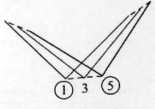
图 2-11　相交折线的中间线

4. 相交直线和钟摆线的中间线练习

在对这种线练习时，一定要注意端点的弧形运动，如果忽略了弧度，中间线就会变短，出现错误的中割，如图 2-12 所示。

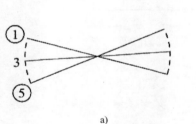
图 2-12　相交直线和钟摆线的中间线
a）相交直线　b）钟摆线

5. 交叉曲线的中间线练习

比较容易出现错误的中间线，一定要注意最顶端的中间点，不是在两条线的交叉处，而是与两条曲线顶端的最高点在一条直线上，如图 2-13 和图 2-14 所示。

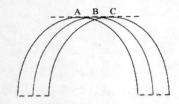
图 2-13　交叉弧线的中间线

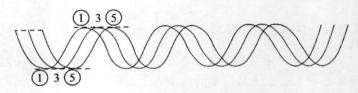
图 2-14　波浪线的中间线

6. 两端重合弧线的中间线练习

中间线应该是弧线而不是直线。如果没有反复，中间线画在任意一边都可以。如果有反复，就需要绘制出两条中间线，如图 2-15 所示。

7. 相交圆形的中间线练习

方法与交叉曲线相似，但有两种正确形式，如图2-16所示。

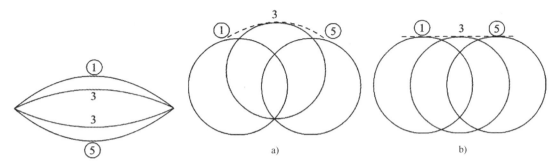

图2-15　两端重合弧线的中间线

图2-16　圆形的两种中间画
a）弧线辅助找中间画　b）直线辅助找中间画

2.3.2　对位技巧

在动画纸上有两个长孔和一个圆孔，这就是定位孔，对位就是对定位孔进行对位。为了更准确地找到中间画要结合两张动画纸间的定位孔的位置找出第三张动画纸摆放的位置。如图2-17所示，第一张动画纸是原画1，第二张动画纸是原画5，想要画出原画1和原画5的中间画3，就要将原画1和原画3形象相同的部分重叠在一起，以定位孔之间产生的距离为依据，将第三张空白动画纸的定位孔对准两张原画定位孔的中间位置，固定好后便可以准确加入中间张。但是要注意的是，在对位之前要将轨目标识下面的一张原画放在标识上面的一张原画上面。也就是说，需要画原画1向原画5过渡的中间张时，要把原画5放在原画1的上面；如果需要画原画5向原画1过渡的中间张，则是把原画1放在原画5上面。这样遇到循环动画时，就不会出现错误。

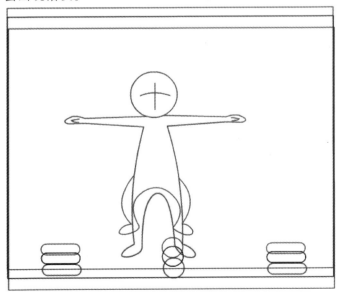

图2-17　卡通人物的中间画

49

以上方法只是对于角色动作或动态距离差别较小的原画，这样可以很容易地找到中间位置，可以直接对位进行中间画的绘制。但对于动态或动作距离差别较大的原画，还需要用目测的方法，做一些中间位置的辅助点，然后再去对位，这样才会比较准确。

对位技法是绘制动画过程中最重要的技法。对于简单的动画，一次或两次的对位就可画出中间的动画，但对于比较复杂的动画，则需要多次对位来解决。如果角色动作幅度变化非常大，对位只是起到对角色大小、宽窄辅助的作用，确保角色不变形，不走样。

2.4 二维动画基本专业术语和符号

1. 常用专业术语（中英文对照表）

英　文	中　文	英　文	中　文
ACTION	动作	CW(CLOCK – WISE)	顺时针转动
ANIMATOR	原画者,动画设计	CCW(COUNTER CLOCK – WISE)	逆时针转动
ASSISTANT	动画者	CONTINUE(CONT,CON'D)	继续
ANTIC	预备动作	CAM(CAMERA)	摄影机
AIR BRUSHING	喷效	CUSH(CUSHION)	缓冲
ANGLE	角度	C = CENTER	中心点
ANIMATED ZOOM ˋ	画面扩大或缩小	CAMERA SHAKE	镜头振动
ANIMATION FILM	动画片	CHECKER	检查员
ANIMATION COMPUTER	计算机控制动画摄影	CONSTANT	等速持续
ATMOSPHERE SKETCH	气氛草图	COLOR KEYS = COLOR MARK – UPS	色指定
B. P. (BOT PEGS)	下定位	COLOR MODEL	彩色造型
BG(BACKGROUND)	背景	COLOR FLASH(PAINT FLASH)	跳色
BLURS	模糊	CAMERA ANIMATION	动画摄影机
BLK(BLINK)	眨眼	CEL LEVEL	化学板层次
BRK DN(B. D.)(BREAK – DOWN)	中割	CHARACTER	人物造型
BG LAYOUT	背景设计稿	DIALOG（DIALOGUE)	对白及口形
BACKGROUND KEYS	背景样本	DUBLE EXPOSURE	双重曝光
BACKGROUND HOOKUP	衔接背景	MULTI RUNS	多重曝光
BACKGROUND PAN	长背景	1st RUN	第一次曝光
BACKGROUND STILL	短背景	2nd RUN	第二次曝光
BAR SHEETS	音节表	DRY BRUSHING	干刷
BEAT	节拍	DIAG PAN(DIAGONAL)	斜移
BLANK	空白	DWF(DRAWING)	画,动画纸
BLOOM	闪光	DOUBLE IMAGE	双重影像
BLOW UP	放大	DAILIES（RUSHES)	样片
CAMERA NOTES	摄影注意事项	DIRECTOR	导演
C. U. (CLOSE – UP)	特写	DISSOLVE(X. D)	溶景,叠化
CLEAN UP	清稿,修形,作监	DISTORTION	变形
CUT	镜头结束	DOUBLE FRame	双(画)格
CEL = CELLULOID	化学板	DRAWING DISC	动画圆盘
CYCLE	循环	E. C. U = EXTREME CLOSE UP	大特写

英　文	中　文	英　文	中　文
EXT(EXTERIOR)	外面;室外景	L/S (LIGHT SOURCE)	光源
EFT(EFFECT)	特效	LINE TEST(PENCIL TEST)	铅笔稿试拍;线拍
EDITING	剪辑	M. S. (MEDIUM SHOT)	中景
EXIT(MOVES OUT, O. S.)	出去	M. C. U. (MEDIIUM CLOSE UP)	近景
ENTER(IN)	入画	MOVES OUT(EXIT; O. S.)	出去
EASE – IN	渐快	MOVES IN	进入
EASE – OUT	渐慢	MATCH LINE	组合线
EDITOR	剪辑师	MULTI RUNS	多重拍摄
EPISODE	片集	MOUTH	嘴
FIELD(FLD)	安全框	MOUTH CHARTS	口形图
FADE(IN/ON)	画面淡入	MAG TRACK(MAGNETIC SOUND TRACK)	音轨
FADE(OUT/OFF)	画面淡出	MULTICEL LEVELS	多层次化学板
FIN(FINISH)	完成	MULTIPLANE	多层设计
FOLOS(FOLLOWS)	跟随,跟着	N/S PEGS	南北定位器
FAST; QUICKLY	快速	N. G. (NO GOOD)	不好的,作废
FIELD GUIDE	安全框指示	NARRATION	旁白叙述
FINIAL CHECK	总检	OL(OVERLAY)	前层景
FOOTAGE	尺数(英尺)	OUT OF SCENE	到画外面
F. G. (FOREGROUND	前景	O. S. (OFF STAGE OFF SCENE)	出景
FOCAL LENGTH	焦距	OFF MODEL	走型
FRame	格数	OL/UL(UNDERLAY)	前层与中层间的景
FREEZE FRame	停格	OVERLAP ACTION	重叠动作
GAIN IN	移入	ONES	一格;单格
HEAD UP	抬头	POSE	姿势
HOOK UP	接景;衔接	POS(POSITION)	位置;定点
HOLD	画面停格	PAN	移动
HALO	光圈	POPS IN/ON	突然出现
INT(INTERIOR)	里面;室内景	PAUSE	停顿;暂停
INB(IN BETWEEN)	动画	PERSPECTIVE	透视
IN – BETWEENER	动画员	PEG BAR	定位尺
I&P(INK & PAINT)	描线和着色	P. T. (PAINTING)	着色
INKING	描线	PAINT FLASHES(COLOR FLASHES)	跳色
IN SYNC	同步	PAPERCUT	剪纸片
INTERMITTENT	间歇	PENCIL TEST	铅笔稿试拍
IRIS OUT	画面旋逝	PERSISTENCE OF VISION	视觉暂留
JIGGLE	摇动	POST – SYNCHRONIZED SOUND	后期同步录音
JUMP	跳	PUPPET	木偶片
JITTER	跳动	RIPPLE GLASS	水纹玻璃
LIP SYNC(SYNCHRONIZATION)	口形	RE – PEG	重新定位
LEVEL	层	RUFF(ROUGH – DRAWING)	草稿
LOOK	看	RUN	跑
LISTEN	听	REG(REGISTER)	组合
LAYOUT	设计稿;构图	RPT(REPEAT)	重复
LAUGHS(LAFFS)	笑	RETAKES	重拍

2. 常用图形符号

符　号	释　义	符　号	释　义
→	向右移动	〰	（WIPE）划
←	向左移动	⌀	（CENTER）中心点
↓	向上移动	⊗	摄影表中表示步伐动作
↑	向下移动	⊠	（X–DISS）两景交融
∧	（FADE IN）画面淡入	⌇	（CANSHAKE）镜头振动
∨	（FADE OUT）画面淡出		

3. 画面分镜头中的常用术语

英　文	中　文	英　文	中　文
SC（sence）	镜头	P. D（PAN DOWN）	下移
BG（background）	背景	P. U（PAN UP）	上移
O. L（over lay）	前层景	FOLLOW PAN	跟移
U. L（under lay）	中间层的景	TRUCK IN/OUT	镜头推入/推出
HOOK UP	连景	ZOOM IN/OUT	快速推入/推出
S/A（same as）	兼用	ZOOM CHART	镜头推拉轨迹
OUT/O. S（offence）	出画	ZOOM LENS	变焦镜头
IN/I. S（insence）	入画	S. S	画面振动
BLUR	模糊	C. W/C. C. W	顺时针旋转、逆时针旋转
POS（position）	位置、定点	LIFT	倾斜角度
CYCLE	反复动作	FADE IN/OUT	画面淡入、淡出
TR（TRACE）	同描	WIPE	划镜
BLK	眨眼	SE	音效
PAN	移动	V. O	画外音
FRAME	规格	EFT（EFFECT）	特效
ACTION	内容		

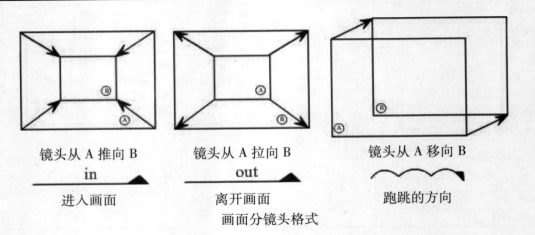

镜头从 A 推向 B　　　镜头从 A 拉向 B　　　镜头从 A 移向 B

进入画面　　　　　　离开画面　　　　　　跑跳的方向

画面分镜头格式

SC: FRAME: TIME: BG:	SC: FRAME: TIME: BG:	SC: FRAME: TIME: BG:
ACTION:		
DIALOG:		
EFFECT:		

4. 摄影表中常用符号

帧停格延长　　删除帧或空白帧　　切出画面

2.5　轨目的使用

轨目是原画师在原画中画出的提示性轨迹，它是提示动画人员需要加几张动画以及动画张要加在什么位置。轨目的两端带有圆圈符号的是原画张，只有数字的是动画张，如图2-18所示。

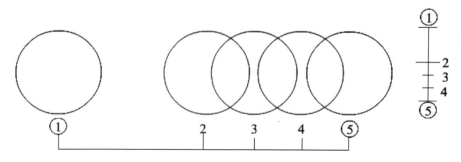

图2-18　原画到动画的过渡

轨目一般分为中割轨目、等割轨目、偏割轨目。轨目中分割线越多表示需要加的动画张越多，同等运动距离中张数越多也表示速度越慢，分割线中较长的一条线是中割线，也是中间画。轨目中有加速、减速、匀速多种表现形式，如图2-19所示。

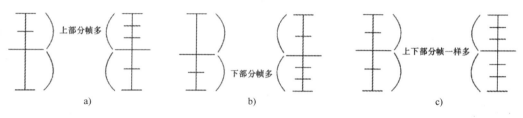

图2-19　不同速度的轨目表示
a）减速　b）加速　c）匀速

第3章 二维动画的前期阶段

本章节要点

- 动画剧本的创作方法和要求
- 动画角色造型的创作方法和要求
- 分镜头脚本的绘制技巧

3.1 剧本创作

3.1.1 动画剧本的特性

剧本是一种文学形式,是戏剧艺术创作的文本基础,编导与演员根据剧本进行演出。与剧本类似的词汇还包括脚本、剧作等。它以代言体方式为主,表现故事情节的文学样式。动画剧本,就是为动画片制作前的一种表现故事情节的文学载体。剧本用美好、独特的文字形式来表现情节、塑造人物。所以,动画剧本的特征是可以转化为视听语言的情节设置、准确概括的文字表现。

剧本是动画前期制作过程中的第一步,它要告诉人们动画片讲什么故事,有怎样性格的角色造型以及要表达导演什么样的心思。同样在电影中的剧本与动画剧本的作用相同,但是两者编写方式和思路有存在差异性。剧本能够向以导演为首的再创作者们提供拍摄影片的基础。电影离不开剧本,动画作为另一种电影的形式同样也离不开剧本。当以运用影像的手段创作的动画剧本确定下来以后,创作者按照动画剧本的文字,绘制出画面分镜头画面。日本著名电影导演黑泽明曾经这样谈论过剧本:"……不好的剧本绝对拍不出好的影片来。剧本的弱点要在剧本完成阶段加以克服,否则,将给电影留下无法挽救的祸根,这是绝对的。……总之,一部影片的命运几乎要由剧本来决定"。因此,动画剧本的质量是决定一部动画影片质量的关键因素。

1. 题材与主题

艺术来源于生活而高于生活,只有把握了时代的脉络才能创作出好的作品。动画这种新兴艺术更是如此,要贴近生活、反映现实。作为动画制作的第一步,动画剧本要符合时代的潮流。题材的时代感便成了作者必须考虑的问题。一部有时代感的动画电影,观众通过影片能感受到时代的脉搏,引起发自内心的共鸣。

《怪物史莱克》当中,那个内心善良却不被别人理解,备受冷遇的怪物,当童话人物们落难向他求助时,怪物还是忍不住出手相助。现代社会中善良的史莱克比比皆是,人们在影片中找到了生活的影子,拉近了人与角色的距离。这类题材的影片无论从生活方式和心理状态都贴近现代人,因此受到大多数尤其是成年观众的欢迎,如图3-1所示。

图 3-1 《怪物史莱克》画面

除了符合时代脉搏的动画剧本，有的作者超时代意识则更能使动画深入到哲学层面，使人们展开对过去的反思和对未来的憧憬。日本动画大师宫崎骏的系列作品，如《风之谷》《幽灵公主》等影片，改变了长久以来形成的动画片以儿童为主要受众的观念，跨越了观众的知识结构和年龄层次，获得了世界的认可，如图 3-2 和图 3-3 所示。他充分发挥动画独特表现形式的优势，创造出神奇的魔幻世界，赋予作品深刻的思想内涵。他的作品对人类、自然、文明、冲突、生命及其延续等主题进行了极为深刻的探讨，不仅具有实拍无法比拟的观赏性，还展示了创作者契合时代脉搏的对各种社会问题的思考。

图 3-2 《风之谷》海报

图 3-3 《幽灵公主》海报

除了符合时代潮流的主题，主流动画剧本还要拥有好的商业素质，市场也是衡量动画效果的重要因素之一。优秀的剧本作者会将观众的审美特点和观赏习惯作为创作剧本的参考要素，并对不同年龄层次的观众进行针对性的侧重。宫崎骏的动画片《千与千寻》，故事情节并不复杂，讲述的是女孩小千，为了救出变成肥猪的父母，闯入"神仙浴池"的冒险经历。主线索相当单纯，但是创作者却为故事营造出了令人眼前一亮的虚幻环境，那个华丽而奇幻的浴池中，来来往往都是形象各异的神仙鬼怪，连服务者都是怪模怪样的妖精……整部影片充满了奇思妙想，角色的表演生动幽默又充满了喜剧色彩。这使得该片在推出后受到不同国家各个年龄层次观众的喜爱，小千的形象也由此深入人心，如图 3-4 所示。

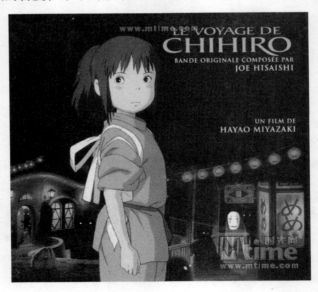

图 3-4 《千与千寻》海报

　　动画剧本对于主题的表达是核心内容，它将剧中的人物、故事情节、细节、对话、结构乃至动画中的各种表现手段都连接起来，并以剧本通过文字达到完整和谐和统一，呈现给导演或者原画师。因此，动画剧本的创作，必须始终围绕表达主题这一重要目标。

　　表达主题首先必须突出主题。动画是一种特殊的表现形式，画面的无限可能性让动画取材范围相当广泛，因此动画所能表达的主题也空前丰富。如《海底总动员》中对勇敢和爱的思考，《幽灵公主》中自然与人类的对立和融合，又如《千与千寻》中人对自我本性的追溯和《新世纪福音战士》中对人类生存的控诉，如图 3-5 所示。突出主题并不是说要反复强调主题，对有些动画电影来说，主题的表达可能仅仅是提供了某种情调。动画片《小蝌蚪找妈妈》就是一个很好的例子，如图 3-6 所示。影片在表现小蝌蚪找妈妈的过程中所反映出来的天姿韵趣，把观众带进一个美丽而温馨的童话世界，人们可以从这个情境中感受到深刻的生活哲理和创作者的审美情趣。

图 3-5 《新世纪福音战士》画面

图 3-6 《小蝌蚪找妈妈》画面

剧本的主题在表达时会受到民族文化的深刻影响。哲学的民族文化、道德、美学影响着动画电影的创作者，进而影响电影剧本的主题表现。我国早期的优秀动画电影《大闹天宫》就是这样的杰作，如图 3-7 所示。影片中来自中国古代漆器文物、敦煌壁画、民间绘画、艺术和寺庙等方面的丰富的文化遗产，具有较强的民族华丽的艺术风格。同样，在宫崎骏的动画作品中，观众可以看到文明、和谐的人与自然共存的破坏与重建等深刻的话题，大友克洋的作品表露出创作者对科技既崇拜又恐惧的矛盾心理，对信仰文化的隐约幻灭感，这些动画作品深刻反映了日本民族文化中的危机意识和对人文自然的关怀，同时也反映了日本国内文化的扩张意识和摆脱渺小的渴望。相比之下，美国文化没有厚重的历史积淀，也没有浓重的悲剧情结，在此影响下的动画作品，具有戏剧化的乐观主义、浪漫主义和个人英雄主义，表现出轻松幽默的特点，如迪士尼出品的《阿拉丁》《花木兰》等影片就具有鲜明的美国风格，如图 3-8 所示。

图 3-7 《大闹天宫》海报

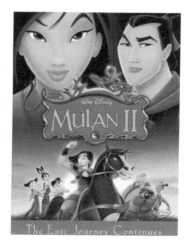

图 3-8 《花木兰》海报

2. 塑造人物形象

塑造人物形象是动画剧本的重要任务。动画中的拟人化思维，使得在动画片中，动物植物、神怪妖魔，甚至瓶瓶罐罐都可以作为人物进行塑造，都具有人的思想和性格。艺术价值和商业效果是衡量剧本好坏的重要标准，而人物性格的刻画更是重中之重。局势剧情的发展往往由性格鲜明的人物来推动，而真挚感人的故事对于树立人物的形象、展现人物的个性也是非常必要的。人物是故事的人物，故事是人物的故事，两者相辅相成，缺一不可。

在剧本创作中，为了塑造人物鲜明的个性特征，必须考虑角色的性格特征和行为，独特的语言、优雅的气质、习惯和嗜好的外观看起来符合思维方式。通过使用人物的动作行为、心理动作、语言、动作等手段来塑造人物和展现魅力，挖掘人物深层的内心世界。《猫和老鼠》中聪明又爱恶作剧的杰瑞，如图3-9所示；有的深藏不露、古怪偏狭，《灌篮高手》中性格阴郁却球技高超的流川枫，如图3-10所示。不仅如此，作家应该把自己的生活和审美思想贯穿人物的炽热深情的艺术创作，赋予生命意义的独特性和价值的存在，让观众看到一个栩栩如生、惟妙惟肖、生动的动画人物。

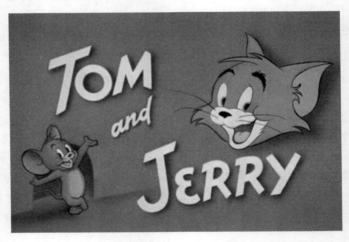

图3-9 《猫和老鼠》画面截图

图3-10 《灌篮高手》插图

3. 叙事结构

动画剧本的叙事结构与文学作品中的叙事方式类似，包括顺序、倒叙、插叙等。动画的叙事结构是动画剧作极为重要的构成因素。为了塑造鲜明的艺术形象，为了体现深刻的主题思想，剧作者必须对所掌握的创作素材进行精细的组织和安排。

动画剧作的结构形式多种多样，按照主流动画与非主流动画的分类，动画叙事方式也分两大类：传统的戏剧式结构和非戏剧式的剧作结构。

目前主流商业动画多以戏剧式剧作结构为主，如《功夫熊猫》《大闹天宫》《埃及王子》等，如图 3-11 所示。这一类型的动画电影主要以矛盾冲突为剧作基础，以戏剧冲突的规律为结构的原则，由此展开其冲突的必然动作历程。即按开端、发展、高潮、结局的进程，依次而又有因果逻辑地展现完整的冲突。它不仅要求人物关系和思想感情的描写紧紧扣住中心冲突的动作线，还要求造成紧张的声势，以步步相逼、场场推进的形式去发展剧情，使冲突逐场逐段递进加剧，愈演愈烈。因此，这一结构的影片富有戏剧性、紧张感、悬念感，容易吸引观众的注意力。

图 3-11 《功夫熊猫》画面

非主流动画也就是所谓的实验动画，以非戏剧式叙事结构为主，其中包括散文式结构、心理式结构、时间和空间结构交错结构。散文式结构，如《山水情》（见图 3-12）、《龙猫》（见图 3-13）等。这种类型的电影不注重情节的完整性和因果关系，没有明显的开端、发展的结构元素、高潮、结局，也没有透露完整的冲突线索。它更注重日常生活的细节，并使用自然的画面场景展现深层和真挚的情感，有一种特殊的艺术魅力。心理式结构，像《回忆三部曲》（见图 3-14）。它以影片中角色的思想作为线索，在电影中人物的心理状态是叙事，不太注重故事的结果，主要是作者反映心理过程。时间和空间的结构，比如《千年女优》（见图 3-15），这种类型的电影，主要是打破了时间和空间，在不同的时间场景的自然秩序的现实，推动情节的发展有一定的交叉衔接和意境相结合的逻辑。它在时空程序上将过去、未来，将回忆、联想、梦境、幻觉等和现实组接在一起，形成独特的叙述格式，获得艺术效果。由于这种方式一般采取主观形式的叙述格局，用视觉形象直接描绘人物或作者的思想感情及内心世界，因而使剧作整体呈现出主观的心理色彩，具有情绪感染力。

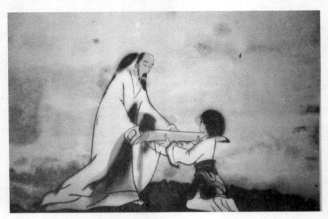

图 3-12 《山水情》片段

图 3-13 《龙猫》画面

图 3-14 《回忆三部曲》海报

图 3-15 《千年女优》海报

60

3.1.2 动画剧本的创作过程

动画剧本的创作方法有很多种，尤其是非戏剧式的叙事结构，不受情节的限制，所以创作过程也灵活多变。在这里介绍较为常用的主流动画剧本创作思路，也就是戏剧式的叙事结构。

1）一个故事构思，包含基本简化的完整故事情节，并且标明故事的主角，包括构成故事的起因、发展、高潮和结局。

2）把第一步完成的基本故事构思扩展成一个叙事大纲，有明确的故事发展情节。

3）按照场进行扩充情节，即影片逐场叙事提纲，作者可以控制剧情节奏和速度并将文字的构思改编成可以实现的画面效果。

4）剧本初稿，修稿后完成第二稿，直到最后定稿。

在戏剧式叙事结构的动画剧本创作中，每一部分有明确的功能划分。一般的叙事故事，都是由3个部分组成的：①开端：引出问题；②中部：在各种复杂情形中发展它；③结尾：解决问题。

叙事大纲是在开端之前的故事构思，勾勒出故事的基本组成，而在分场当中会加以详细描写，也就是所谓的深层结构，它组成了故事的支柱。这样的安排，一方面能够使作者更明白整个故事的构思，另一方面也能够帮助作者解决初级阶段遇到的问题。

开端引出问题，即吸引观众的注意力，通过制造紧张引起观众对故事未来发展的期待心理，使观众融入将要发生的故事当中。通过这种简单的引导，观众认识了主要人物并卷入他们的纠葛中。当然，观众也应该理解故事发展的必要背景。观众被引入影片虚构的世界以及它的样式、基调和氛围当中，也熟悉了影片的主要冲突和问题，是它们引发了故事并让观众始终为其牵肠挂肚。

中部发展故事，即在上述的基础上保持并加深观众的兴趣，观众会随着一系列错综复杂的故事、危机、冲突、副剧情以及类似的困难增强期待，同时对能否解决问题表示怀疑。

结尾解决问题，就是故事及其问题、冲突的解决，包括故事的高潮，有时也包括收场。收场就是对次要线索作一个了结，解除观众的紧张感，同时结束观众审美体验，从而为整个故事画上一个完满的句号。这样看来，一部完整的影片，除了艺术技巧之外，更能够打动观众的是故事的框架。剧作家从基本的故事入手，通过中间的演化、渲染，将它们撰写成一个个美丽的故事。

动画剧本的格式如下。

1）标明场次、地点以及天色明暗状况、室内或室外。

如：第一场　小明家　日——内

以上是每场的标记，中国动画较多的是10 min每集，一般10 min的剧本可分为8、9场左右的内容，这不是硬规定，只是大概的比例。

2）正文内容，正文内容通常只分成动作和对白两块，通常情况下，将正文用"（ ）"括起来。

整个故事的叙事和动作过程都用"（ ）"圈住，表示这其中是动作。

再接下来，就是对白了。对白一般都单起一行，人物名称后面加"："号即可。

如：小明（兴奋地）：哈哈，有了！

通常情况下，对白加粗和场次标注涂红是一样道理，是为了清晰分辨场次动作以及对白，清晰显眼的格式方便阅读。

一场剧本的格式举例如下：

下面以《灌篮高手》的第一场故事为例，用剧本格式描述出来。

《灌篮高手》第一集

天才篮球手诞生！

第一场：体育馆　日——内

（穿着红色球衣的赤木刚宪右手运着球缓缓地向着对面篮筐的方向走去，篮球在赤木刚宪的手和地面间有节奏地跳跃着）

画外音：卡位！卡位！卡位！

（正面特写，赤木脸上露出坚毅的表情，忽然对面闯来白队的4号队员伸手拦截赤木）

画外音：阻止他！

（赤木用手轻轻将球横向传给7号队友宫城良田，良田接球后运球向前跑攻，白队7号正面拦截）

画外音：快呀！快呀！

画外音2：这里！

画外音：防他！

（宫城良田向旁边一闪身，晃过前面拦截的球员，横身出去挥手将球传出，球被14号三井寿接住，三井寿面对镜头向左虚晃一步晃开对面拦截的9号队员，又向右出其不意跳起用右手推球投篮）

画外音：抢篮板！

（即将入篮的篮球被一只手挥击打飞，眼看要飞出界外的篮球被流川枫横身飞出挥手打回篮球场内，篮球被樱木花道用右手轻轻抓住。樱木花道左手掐着腰得意地自述）

樱木花道（得意地）：本人是天才篮球手-樱木花道，看着，看我英勇的姿势！

（樱木花道迈着轻松地步伐向前跑动，小跳上篮，单手空中扣篮，画面定格，出本集剧主题名——天才篮球手诞生！）

多场剧本组合起来便是一整集剧本了。这是目前规范并且较清晰的动画剧本格式。

关于剧本长度的把握。10 min的动画剧本场次一般分为8、9场，字数为4500字左右，平均起来每分钟450字是一个大约的数量。但是根据故事情节长短、对白多少，字数就无法规范。并且要注意，在动画剧本中大量的心理描写要尽量转化为角色可以表现的动作或者表情，也是所谓的画面化。

3.1.3　案例赏析

《时光流逝》原创动画短片剧本

第一幕

×××大学（外、日、晴）

A背着行李走在×××大学的校园里，看到校园的标志物"三棵树"，三棵树下坐着十几个人说说笑笑的，继续往里走，来到4号楼学生公寓，上到六楼，站在625寝室门口。

625 寝室（内）

推开 625 寝室的门，屋里已经有 5 个人，床位只剩门口的是空着的，A 向其他人打了招呼，把自己的行李收拾好放在了门口的床位上。A 坐下打开电脑上网，寝室安静了下来。

（天慢慢变黑，时间一分一秒过去，寝室熄灯了）

早晨手机铃声响起，屋里却没人起床，A 从床上下来，走进卫生间洗漱。回来时发现 B、C 已经坐到电脑前，开始玩游戏了。时间到 10 点寝室的人都起来了，大家拿着课本去教室上课。（寝室的表快速转动）

到 12 点，寝室的人说说笑笑的回来，大家又都坐在电脑前，寝室安静了下来。

（寝室的表快速转动）

到了下午两点，大家又拿着课本去上课了。

（寝室的表快速转动，3 点……4 点……5 点……6 点！）

一群人说说笑笑地推开了寝室门，各自坐在电脑前玩起了电脑，寝室安静了下来。

（镜头转到电脑屏幕上，屏幕上有三棵树，镜头拉近）

校园三棵树（外、日、晴）

三棵树上长满了绿油油的树叶，树下坐的人，来了又走，走了又来。

一阵风吹过，树上的叶子慢慢变黄，地上铺满了金黄色的落叶，树下坐的人，来了又走，走了又来。

一场小雪下着下着地上白了，树上是白色的，地上是白色的，到处是白色的。

微风吹过，雪慢慢融化，树上长出了新的嫩芽，树下坐的人，来了又走，走了又来。

（又一年）

三棵树上又长满了绿油油的树叶，树下坐的人，来了又走，走了又来。

一阵风吹过，树上的叶子慢慢变黄，地上铺满了金黄色的落叶，树下坐的人，来了又走，走了又来。

一场小雪下着下着地上白了，树上是白色的，地上是白色的，到处是一片白色的。

微风吹过，雪慢慢融化，树上长出了新的嫩芽，树下坐的人，来了又走，走了又来。

（又一年）

三棵树上再长满了绿油油的树叶，树下坐的人，来了又走，走了又来。

一阵风吹过，树上的叶子慢慢变黄，地上铺满了金黄色的落叶，树下坐的人，来了又走，走了又来。

一场小雪下着下着地上白了，树上是白色的，地上是白色的，到处是一片白色的。

微风吹过，雪慢慢融化，树上长出了新的嫩芽，树下坐的人，来了又走，走了又来。

三棵树上再长满了绿油油的树叶，树下坐的人，来了又走，走了又来。

我们背着自己的行李，离开了 625、离开了寝室楼、离开了三棵树、离开了大学……

片子的最后定格在三棵树：时间就是在不知不觉中与你擦肩而过，当你注意到他时，你发现"该毕业了"……

3.1.4 实训项目练习

选择一部自己喜爱的动画影片，选取其中的 3 场片段，将其还原成动画剧本。

3.2 造型与场景设计

3.2.1 造型与场景设计的风格类型

　　动画造型主要指的是动画角色形象造型。剧本是来编写故事情节,文字化塑造人物形象,是创作人物、背景等工作的基础。动画人物的设定是在对剧本深刻理解的基础上,根据剧情的发展和角色之间的关系,经过设计人员共同讨论研究决定的。设计师用画笔创造动画角色,夸张幽默的表演推动故事剧情的发展。这些动画形象就如同电影中角色演员,角色的形象设计往往是一部作品的关键所在。我们在设计动画角色的时候要注意以下3点。

1. 主角与其他角色要定位准确,个性鲜明、特色清晰

　　动画造型具有一定的典型性、生动性和代表性,以吸引观众,引起人们的共鸣。角色造型具有鲜明的个性和性格特征,不仅让人们永远记住,还能具有持久的生命力和感召力。我们所熟悉的哪吒(见图3-16)、史努比、龙猫等,它们都具有鲜明的个性特征,几乎成为一个象征性的符号,包含了它们的思想、习惯、文化等。角色造型设计具有鲜明的特色,应该是在外貌特征、服装、行为中具有识别性,道具也应该有相应的识别性。角色设计者的思考不仅是造型设计上的,还应该包括对接受群体的心理研究、审美观等的思考,再用视觉方式进行表象和审美上的完善,以图画的形式呈现出来,这就需要设计师们具备社会学、心理学等广博知识。

图3-16　哪吒造型设计

2. 角色造型简洁、线条明晰

　　动画是连续的画面,要让动画中的角色运动起来,在传统的二维动画制作过程当中就得画很多张角色连续的动作。因此动画角色造型设计首先要求的是简洁,这个原则是由动画的性质决定的。不管是二维动画还是三维动画,角色都要求简洁为主。有的实验动画中的角色设计得相当复杂,如二维动画《老人与海》中的人物,如图3-17所示,其实也只是极少数。普遍的动画角色造型设计都以简约、快捷为主。

图 3-17 《老人与海》画面

3. 角色造型设计有统一的风格和美的特征

艺术风格主要是指"艺术作品在内容与形式的统一中体现出来的整体特征",艺术的无限魅力就存在于其作品的独特风格之中。动画角色造型设计体现了创作者的思想、审美意识和个人的艺术语言。动画属于视听艺术,画面是动画的主要组成部分。让人们去观看的动画视觉享受,就必须有美丽的图画。优秀的动画角色设计可以给观众以美的享受,设计精美、适当的角色,更能使情节展现得更加生动、精彩。角色的美观体现在比例上、动态上、色彩上,体现出一种整体的美。动画片的角色不仅是动画创作的外在美,更要体现主题思想的内在美。中国经典动画片《小蝌蚪找妈妈》中的造型就是著名国画大师齐白石先生设计的,不仅是角色的造型设计,甚至每张画面的审美都力求极致,如图 3-18 所示。有些动画片如金海城的《秒速五厘米》则以唯美风格赢得众人称赞,如图 3-19 所示。

图 3-18 《小蝌蚪找妈妈》画面

图 3-19 《秒速五厘米》画面

在动画角色设计的过程中，会将角色分为以下几类进行创作：

（1）写实类

写实类动画角色造型以真实的客观对象进行参考并创作，更贴近现实生活中的人和事，忠实于原型，造型客观严谨，客观反映结构的特点、比例、物理特性和动态特性。所以，这种角色造型创作需要创作者有较好的绘画基本技能，绘画和素描基本功要扎实，并且有一定的色彩表现力。在描绘角色的外在形式的同时，还应该把握角色的个性特征，特别是对服装、配饰和道具加以细致的描绘。写实是在夸张局部的基础上完成的，而不同于传统意义上的完全写实，这类作品以美式英雄动画作品为代表，如图 3-20 所示，以及日本动画中宫崎骏的风格。

图 3-20 美式英雄动画作品

（2）夸张变形类

夸张变形类创作手法在动画的角色造型创作中占有重要比例，它与传统绘画中的装饰变形有相似的原理，但是夸大和歪曲的重点是突出动画形象更多的乐趣和幽默。根据不同的创作主题来设计对象，创建角色的总体结构，同时为突出创作对象的某些特征或某些个性而进行局部的变形和夸张。美国与欧洲的动画设计师往往偏爱这种风格，如图 3-21 所示。

图 3-21 唐老鸭角色造型

（3）符号类

符号类动画角色造型的特点是简洁明快、抽象的形状、随意性强。这样的角色造型经常出现在实验动画短片、吉祥物设计、网络动漫及玩具、珠宝设计等领域，角色往往没有什么故事背景或较为简单，所以可以摆脱情节的束缚而专注于形象本身的醒目效果，对于动态和表情的处理放在次要的位置，注重角色的外在整体效果，让人过目不忘，形象本身也是千姿百态，怪诞而有趣，如图 3-22 所示。

图 3-22 抽象角色造型

动画场景就是指动画影片中除了人物角色造型以外的环境造型设计，动画影片的主体是动画角色，场景就是围绕在角色周围与角色有关系的所有景物及角色所处的生活场所、社会环境、自然环境以及历史环境。场景设计包括：场景效果图、场景平面图、场景细部图、场景结构鸟瞰图，也可以制作场景模型。

动画影片的每一帧都靠美术制作人员绘制出来，所以动画片在国内又称"美术片"。既然是美术片，就会有很多不同类别的美术风格，一部动画片场景的设计对整部影片的视觉效果起着决定性的作用。场景的设计风格一方面主要取决于故事剧本的具体内容和题材，另一方面取决于导演和主创人员的审美趋向。

作者对角色造型的设计进行了分类，用同样的分类方法把场景的美术风格大体分为写实风格、卡通风格和实验风格。

（1）写实风格

场景设计的写实是忠实地还原了现实生活中相对固定的、符合自然规律及人们日常心理习惯的真实写照，是在时间与空间的基础上对客观现实的再现。因为写实满足人们的日常生活的视觉特性，是最常见和流行的动画场景设计方式。大部分是用来显示历史、科幻，剧情严谨结构完整，深刻的主题和其他主题的题材。例如《小马王》《埃及王子》《千与千寻》《千年女优》《蒸汽男孩》等影片，如图3-23和图3-24所示。

图3-23 《小马王》场景画面

图3-24 《蒸汽男孩》场景画面

写实风格的场景有其本身的特点，首先具有现实真实感，使影片更具生活化，符合大多数观众的审美特点，容易被人接受；第二能够最大程度地表现各种地域风貌、气候条件、人文景观、时间和空间地特征，带给观众强有力的视觉冲击；第三它的表现手法丰富细腻，层次感强，在细节上有很广阔的处理空间，使物体的形态、比例关系、空间关系、光影、质感特征（木制、金属、液态、布料、石头等）更加真实可信。

（2）卡通风格

卡通风格也可以称为Q版风格，是在写实的基础上提炼出来的一种风格化的符号，造型手法比较夸张，更具趣味性，它表达的多数都是简单、轻松、幽默的题材。因为它造型概括简练，色彩单纯，所以容易被低龄人群接受。例如《米老鼠与唐老鸭》《疯狂约会美丽都》《猫和老鼠》《大力水手》《机器猫》《海绵宝宝》等动画片，如图3-25～图3-27所示。

图3-25 《疯狂约会美丽都》场景画面

图3-26 《大力水手》海报

图3-27 《机器猫》画面

（3）实验风格

实验风格不像电视动画片和实验戏剧风格的动画艺术风格，大部分属于独立的小生产者，独特的艺术个性。在投资较小的动画短片中，风格的确立有赖于艺术家的自身的审美情趣和艺术修养。这种类型的样式与实验探索性强，具备较少的商业元素，不适合大规模生产。它包含了各种因素的影响，而且还有广泛的材料的应用。例如彩铅、水墨、油画、木刻、布偶、剪纸、拼贴、泥塑等，属于非主流动画艺术。我国的《小蝌蚪找妈妈》等水墨动画就极具视觉特色，影片从始至终都洋溢着中国特有的绘画艺术元素，如图 3-28 所示。

图 3-28　《小蝌蚪找妈妈》角色和场景设计

3.2.2　造型与场景设计的创作技法

1. 二维动画造型设计的创作技法

如何使自己脑中构思的形象跃然纸上？初学者往往只是跟着感觉去随意勾画，缺少一个明确的目标和遵循的规律、顺序步骤。以下就给大家介绍一些形象创作的基本方法。在设计角色造型前先对所设计的剧本进行仔细的阅读分析，了解故事发生的主要环境、故事的主题思想、故事中涉及的主要场所、主要角色的性格特征等。

1）几何组合：这是基于基础素描课程里面的基本原则。日常观察到任何天然形状是由多个几何形状组合而成，大的几何构成形成了自然形态的基本骨架。在观察和绘制形象时应从大处着眼，将自然形态的物体用几何形状的思维方法来观察分析。每一个几何形都有其不同的特质，如圆形较柔和、有弹性和扩张力，方形相对刚性并且稳定，三角形的活泼跳跃、速度感，不同类型的几何形的组合构成了角色造型的基本形态。在组合过程中也应着眼于整体形状和大小的比例，而不是角色的头、身体、手、脚、四肢平均处理，要有重点。如在设计智慧型角色时则要强调身体和四肢的比例，角色体态要精干，眼睛灵活，这样才能表达角色的聪慧、脑子快的特点，如图 3-29 所示。设计儿童的造型应强调头部的面积，可成两头或三头身才能突出儿童的可爱，如图 3-30 所示。

图 3-29　智慧型角色设计

图 3-30　儿童角色造型设计

2）夸张变形：夸张变形要有的放矢，根据自然形态的内在骨骼结构、肌肉和皮毛的走向变化来决定放大和缩小。

3）整体夸张：动画中的角色性格各异，形态万千，或人或动物或精灵或鬼怪，在设定角色时，要有意识地整体夸张各个角色的外在形态，它们之间又有巨大的差异性，这样既可以表现出角色外在的个性的不同，又可以使它们在一起时产生视觉上的感染力和趣味性。尤其是在多角色的剧情中，这样的设计更具有矛盾的冲突性，正所谓高、矮、胖、瘦各有不同，相互衬托，相得益彰。

4）局部夸张：为了突出角色的外在特征，引人注目，从而彰显形态的本来个性来进行局部夸张，在进行局部夸张的时候要根据自然形态的结构特点对某些代表形态个性的部分加以变形夸大。如：画小孩时夸大他的眼睛和头型；画巫婆时夸张她的帽子和服饰，如图3-31所示；画格斗家会夸张他的肌肉和盔甲等，如图3-32所示。总之，局部夸张是为了更好地表现角色形象的个性特征，使观众更易于通过角色的外在特征去了解角色的内心世界。

图3-31　巫婆造型设计

图3-32　格斗家造型设计

2. 二维动画场景设计的创作技法

动画在进行场景设计时，必须按照一定的思维方式来把握动画影片的整体造型形式，遵循视觉艺术审美要求，采用规范的场景的设计与制作流程，灵活使用各种技术完成制作。

（1）分析剧本

在进入场景设计前，必须熟悉和理解剧本的内容和主题。了解历史背景，明确时代特征和地域、民族特点，深入分析角色。务必要注意的是动画场景设计不等同于环境艺术设计，只重视视觉效果，却忽视场景合理性，导致创作思路不完整等。

（2）搜集素材、整理资料

艺术来源于生活，任何艺术创作都需要现实的素材作为养分。搜集充足的资料，对于动画场景的创作尤其重要。因此，在分析完剧本后，对所需要设计的场景进行资料的搜集整理，可以通过实地考察拍摄、书籍以及网络图片搜集等方式完成。迪士尼推出了改编自中国古老传奇故事的动画电影《花木兰》，如图3-33和图3-34所示，画家亲赴中国大陆各地取景，搜集了大量资料，并吸收了一批华人动画师参与协作，就是为了作品能体现浓郁的中国情调。对于魔幻、神话、科幻类题材影片，尽管故事中的场景在现实中并不存在，但仍需要通过搜集丰富现实资料进行想象后再创作设计。

图3-33 《花木兰》场景画面1

图3-34 《花木兰》场景画面2

（3）确定主题基调，选择合适的造型

确定影片的基调有助于表现主题，基调往往是通过人物的情绪、造型风格、情节节奏、色彩气氛表现出来的一种情绪特征，可以是快乐幸福，也可以是悲伤痛苦。造型形式直接表现了影片的整体空间结构、色彩结构、绘画风格，关系着影片的成败。例如《千与千寻》的风格，神秘诡异、色彩丰富华丽、造型复杂多变，如图3-35和图3-36所示。

图 3-35 《千与千寻》场景画面 1

图 3-36 《千与千寻》场景画面 2

（4）主场景的定位

主场景是指剧本中的主要场景，是展开剧情和主要人物活动的空间，在一部动画长片中往往会存在多个主要场景。由于主场景的地位比较重要，所以主场景的设计风格和色彩基调对于整部动画的画面风格有着决定性作用。

（5）场景草图绘制

根据之前准备的素材，按照剧本的意图绘制场景的草图，如图 3-37 所示，可以利用各

种绘画的手段完成。主场景要从多角度进行绘制，需要绘制平面图、鸟瞰图等，如图3-38
所示，设计角色的活动空间以及行动路线。

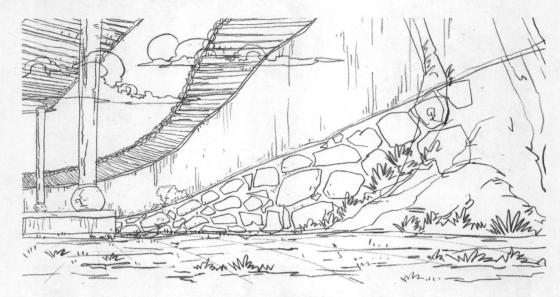

图3-37 场景草图

图3-38 鸟瞰图

（6）最终场景绘制

根据之前的草图，最终完成场景的绘制或制作，最后的场景可直接用于动画片当中，因
此需要有足够的细节，画面完整，如有需要可以对画面进行分层。

3.2.3 案例赏析

1.《桥》动画角色设计（原创，见图3-39）

图3-39 《桥》动画角色设计

2. 场景速写图（见图 3-40）

图 3-40　场景速写图

图 3-40 场景速写图（续）

3.2.4　实训项目练习

将大家熟悉的动画片中的角色造型、主要场景按照不同的风格重新设计。

3.3　分镜头脚本设计

3.3.1　分镜头脚本设计的构成元素

在讲解分镜头脚本之前，必须明白在银幕上的画面是如何划分的，要知道影视作品中的画面最小单位是镜头。镜头指的是从摄像机开机拍摄，一直到它停止拍摄，所获得的一个连续画面，称之为一个镜头。如果为了别的效果，重新打开摄像机，那么就是第二个镜头的开始。观众所看到的一个个故事情节，就是由各种长短不同的镜头构成的。

自影视行业兴起始，分镜头脚本就开始出现了。动画分镜头脚本就是将文字或者语言的叙述，通过绘画形式表现出来，是一系列的故事情节的串联图，而非真正的动画画稿，是将文字转换成可视画面的第一步，如图3-41所示。其中包括人物的移动、镜头的移动、视角的转换等，并配上相关的文字阐释。其目的是把动画中的连续动作分解成以镜头为单位的画面，旁边标注画面的运动镜头方式、人物对白、音效、特殊效果、每个镜头所需要的时间、作画张数等。分镜头脚本是动画制作中非常关键的一步，它以人的视觉特点为依据划分镜头，将脚本中的生活场景、人物行为及人物关系具体化、形象化，把整个作品的大体轮廓勾勒出来，是导演的施工蓝图，也是动画制作各部门理解导演具体要求，统一创作意图的依据。动画分镜头可以使工作人员了解镜头数、场景数、角色的运动、镜头的运动等，能使制作人员较为准确地估算制作周期，能够起到节约时间和成本的作用。

图3-41　《千与千寻》分镜头脚本

常见的动画分镜头脚本格式有以下两种。

1）横版格式：这种分镜头脚本的格式适合绘制移动镜头，一般在欧美国家的动画制作中较为常见，如图 3-42 所示。

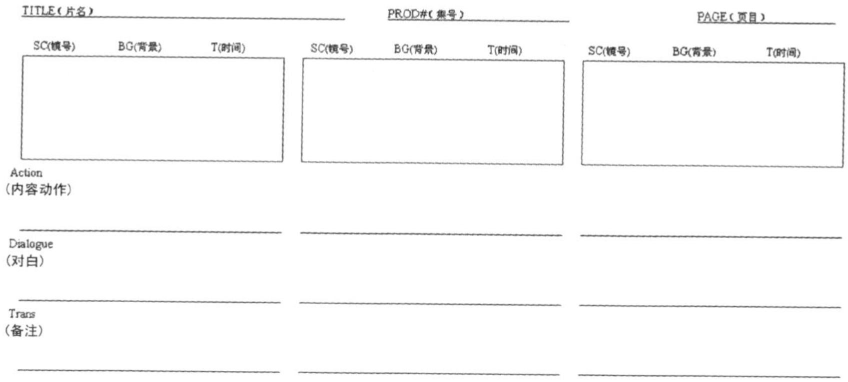

图 3-42　横版分镜头脚本

2）竖版格式：亚洲国家制作动画常用此格式，一般在一张纸上能够有 5～6 个镜头，相对横版的画格多一些，如图 3-43 所示。

图 3-43　竖版分镜头脚本

下面我们将详细介绍分镜头脚本的构成元素。

1. 景别

景别是指由于摄影机与被摄体的距离不同，而造成被摄体在电影画面中所呈现出的范围大小的区别，如图 3-44 所示景别的划分，一般可分为以下 5 种。

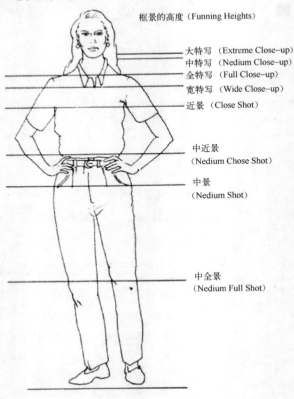

图 3-44　景别划分图

- 特写镜头：画面在人体肩部以上，能够对镜头内的人或物的细节有很好的表现，可以使观众和剧中人物建立亲密的关系，很好地表达剧中的情绪。
- 近景镜头：画面在人体胸部以上，突出角色上半身的动作，常常用来表现人物感情和心理活动。
- 中景镜头：画面在人体膝部以上，能够看到人或物的大部分范围，画面中既有人物还能表现一定的场景，所以在对话的镜头中使用频繁。
- 全景镜头：画面在人体的全部和周围背景，能够很好地表现角色的肢体动作，但是对于表情的刻画缺乏力度。
- 远景镜头：画面是被摄体所处环境，一般用来交代环境，所以常见于片头或者场景发生改变的片段中。

在影视、动画作品中，导演和摄影师利用复杂多变的场面调度和镜头调度，交替使用各种不同的景别，可以使影片剧情的叙述、人物思想感情的表达、人物关系的处理更具有表现力，从而增强影片的艺术感染力。

2. 拍摄角度

不同的拍摄角度可以创造出富有戏剧夸张效果的画面，常常对观众的情绪和观感产生较强的影响，如图 3-45 所示。

高角度拍摄

水平视角拍摄

低角度拍摄

- 俯视：摄像机的位置比被拍摄者高，摄像机镜头向下。这种镜头效果能引起观众情绪的被动，暗示角色地位的卑微、无助和渺小。有时俯视镜头也常常用于一些快速移动的效果，比如下坠过程等，能够产生很好的紧张感。
- 仰视：摄像机的位置比被拍摄者低，摄像机镜头向上。这种镜头给观众带来兴奋感，往往能激发观众的敬畏之情。
- 平视：摄像机的位置和被拍摄者处在水平位置，这是一个中性镜头，也是最为常用

图 3-45　拍摄角度

的镜头，让观众能够融入到剧情之中。所以在作品中这种拍摄角度是常用效果。

3. 运动镜头

运动镜头在影视作品中是很常见的，它能够给观众带来空间感。每一个运动镜头的产生都是很有目的性的。但是运动镜头一定要和静止镜头搭配使用，过多地使用运动镜头反倒会给观众产生不稳定感。常用的运动镜头有以下几种。

- 推拉：摄像机向拍摄物体靠近或者远离。这种镜头往往有着强调和跳出的效果，给人很强的心理暗示。
- 摇：摄像机位置不变，镜头移动，可以很好地表现场景。
- 移：摄像机与拍摄物体平行，并且同时移动。移镜头可以很好地表现角色在不同场景中的转换，并强调两者的联系。
- 跟：摄像机与拍摄物体绑定，画面移动频繁，给人强烈、有效的运动感。

4. 镜头视角

- 主观镜头：个性化、互动性比较好的镜头。用摄像机代替角色的眼睛，观众透过镜头看到情节的变化，有非常好的代入感。
- 客观镜头：相当于一个第三者的视角，所谓旁观者清，客观镜头往往在推动剧情发展上有重要作用。

5. 画面构图

在分镜头脚本设计阶段，尤其是电影和动画的分镜头脚本，构图是一个重要因素，直接决定了后期制作画面的效果。

- 封闭式构图：以屏幕的边缘作为封闭的画框，比如角色的动作等完全可以在画面中展示，这种画面便于理解，但是也缺乏想象力。
- 开放式构图：这种构图方式打破了边缘的概念，往往暗示另一个的存在，观众会思考画面之外的内容。这种构图往往不使用运动镜头。
- 兴趣线与兴趣点：通过人们对绘画的研究发现，将画面横、竖各分成 3 份，那么三分之一和三分之二的 4 条线的位置，往往是人们先看到的部分，我们把这 4 条线称为兴

趣线，4 条线交叉的点称为兴趣点。在制作分镜头脚本的时候，这些线和点就成了可以利用的坐标，便于抓住观众的注意力。

3.3.2　镜头的衔接技巧

动画和影视作品都是由一系列的镜头按照一定的排列次序组接起来的。这些镜头之所以能够延续下来，使观众能从影片中看出它们融合为一个完整的统一体，是因为镜头的发展和变化要服从一定的规律，镜头的合理连接是以镜头之间的内在关联为前提的，只有这样，镜头连接才会呈现出有目的的连贯性，这种内在关联就是镜头连接的逻辑性要求。具体而言，镜头连接要符合现实生活逻辑、符合观众观赏时思维的逻辑。

1. 镜头衔接的要求

（1）符合生活逻辑

动画分镜头脚本把动作或事件发展过程通过镜头组接清楚地反映在屏幕上，把握事物发展的总体进程和认识过程，就可以避免镜头次序上的逻辑错误。但是在现实逻辑中，事物的发展不仅在纵向上呈现出时空变化，而且在横向上也与其他事物保持着千丝万缕的联系，这种联系是全面认识事物的基础，也是镜头转换的逻辑依据。所以，镜头连接也必然要符合事物之间的现实关联。

（2）符合观众的思维逻辑

分镜头脚本的制作者应该牢记，了解画面内容、了解事件的环境与进程是观众欣赏的最基础心理要求，观众完全是通过镜头的相互关联来建立对事物的认识的。镜头转换应该顺应观众的观赏心理需求。所以，在镜头剪辑过程中，编者应该跳出自我的限制，以第三者的姿态来审视镜头的组合关系，检验镜头表达的效果。

2. 镜头衔接的处理技巧

镜头之间的衔接方式以所使用的技巧特点来划分，基本可以分为两种：一是特技转换，二是直接切换。

（1）特技转场方式

渐隐、渐显（又称淡出、淡入）。渐显一般用于段落或全片开始的第一个镜头，渐隐常用于段落或全片的最后一个镜头。通常，渐隐、渐显连在一起使用，对于电视节目而言，这是最便利也是运用最普遍的段落转场手段。由于渐隐、渐显表现大的时空转变和内容转换，视觉效果突出，因此，过多使用渐隐、渐显，会使整体布局显得比较琐碎，结构拖沓。所以，不要把这种技巧当成是任何段落转换的灵丹妙药。

叠化可以表现明显的空间转换和时间过渡，常用于不同段落或同一段落中不同场景的时间和空间的分割，强调前后段落或镜头内容的关联性和自然过渡。同时叠化在表示时间流逝感方面作用突出，这不仅体现在段落转场中，也体现在镜头连接后的情绪效果。

定格（或称静帧）具有强调作用，因此，采用定格转场的段落结尾镜头通常选择有必要去强调、有视觉冲击力的镜头。定格画面还可以弥补由于镜头表现不足而造成的后期剪辑困难。所以，利用定格转换镜头动静效果可以延长镜头长度，突出画面内容或者增加画面内的信息叙述时间，有时也是和谐连接镜头的一种手段。

划像可以造成时空的快速转变，可以在较短的时间内展示多种内容，所以常用于同一时间不同空间事件的分隔呼应，节奏紧凑、明快。

一般来说，翻转比较适宜于对比性或对照性强的两个段落；翻页是前一个画面像翻书一样翻过，后一个画面随之显露，时空连接紧密。

甩出、甩入的特征是镜头突然从表现对象上甩出或者镜头突然从别处甩到表现对象上（甩入）。

（2）无技巧衔接方式（直接切换）

无技巧转场是画面没有特技技术和光学技巧的直接切换，利用上下镜头在内容、造型上的内在关联来转换时空、连接场景，使镜头连接、段落过渡自然流畅，无附加技巧痕迹。这种衔接方式在镜头拍摄、安排上，不仅要有所设计，而且要精心选择。只有上下镜头具备了合理的过渡因素，直接切换才能起到承上启下、分割场次的作用。

常见的直接切换衔接方式的技巧有以下几种：

- 利用相似性因素；
- 利用承接因素；
- 利用反差因素；
- 利用遮挡元素（或称挡黑镜头）；
- 利用运动镜头或动势；
- 利用景物镜头（或称空镜）；
- 利用声音；
- 利用特写；
- 利用主观镜头。

3.3.3 案例赏析

以下看到的学生动画短片名字是《Angel》，作者通过我们成长过程中的一些人与事，来体现生活中的真善美。该片以歌曲《Angel》为背景音乐，讲述了一个小女孩的成长过程，主角的成长年龄段在 10～24 岁，在这个时间段内也是人对社会观、人生观、价值观认知的阶段，主角所接触的事物和人物会对主角造成一些人生观的认知和改变。该片以二维手绘为主来表现，使用后期特效和镜头的转切来表现画面和视觉效果的处理。

1. 主题说明

主角对生命的动荡、脆弱、变幻无常的感悟，以及对人的内心中善与恶较之于斗争的反省。

2. 风格样式

二维方式表现，风格抽象多变，人、动物、场景简单夸张。

3. 人物性格（人物初步设定）

主角在成长阶段里随着年龄的变化而变化。幼时天真可爱、少年期时叛逆、青年期时迷茫。

4. 场景要求（年代、风格等）

场景年代要求是现代。整体颜色风格鲜亮。

5. 影片的要求（影片节奏，动作夸张程度，特效、音乐、对白的要求，色彩、镜头、景别的运用）

- 影片节奏较慢，风格花哨多变。
- 影片比较夸张，人物场景抽象。
- 片子特效比重很大，后期比较繁琐。

- 整部影片都用莎拉·布莱曼的《Angel》贯穿，无对白。
- 色彩随着歌曲的节奏和故事的紧张程度来变化，色调时而较暖，时而较冷。
- 通过特写、近景、中景和快切镜头来表现主角心里产生的急速变化，全景和大远景交代故事的走向。

图 3-46 ~ 图 3-64 是本动画分镜头脚本。

图 3-46 《Angel》分镜头脚本（1）

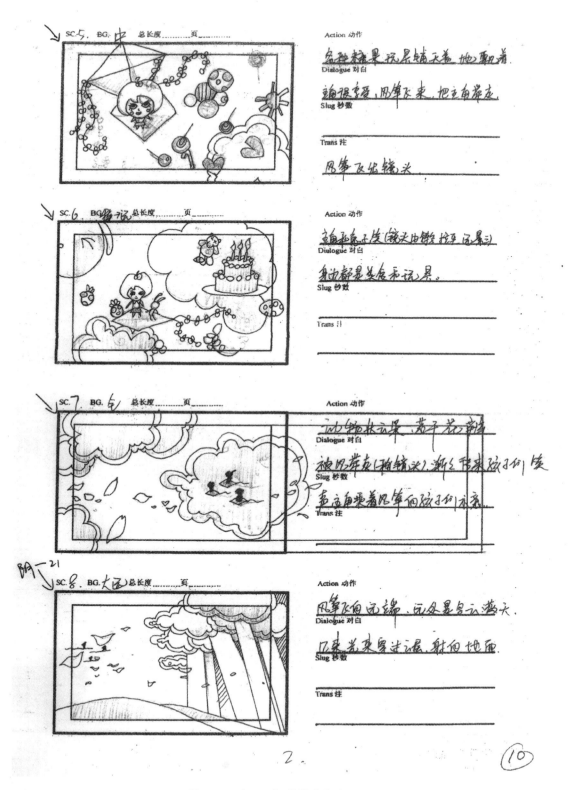

图 3-47 《Angel》分镜头脚本（2）

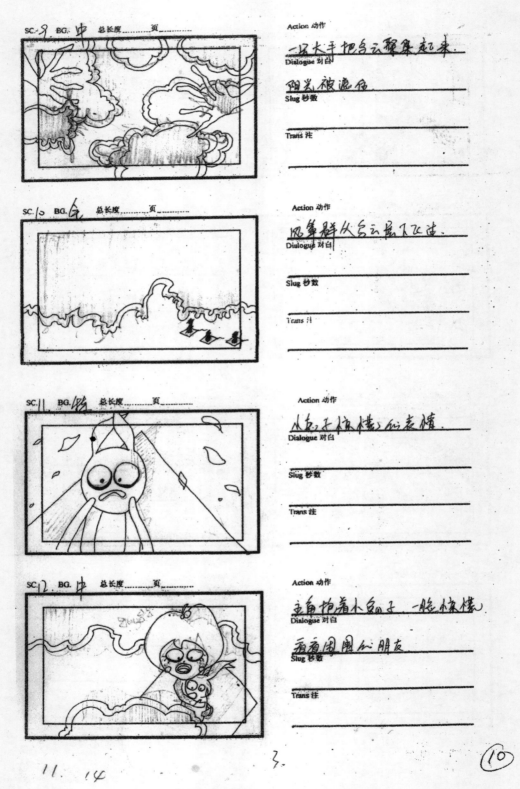

图 3-48 《Angel》分镜头脚本（3）

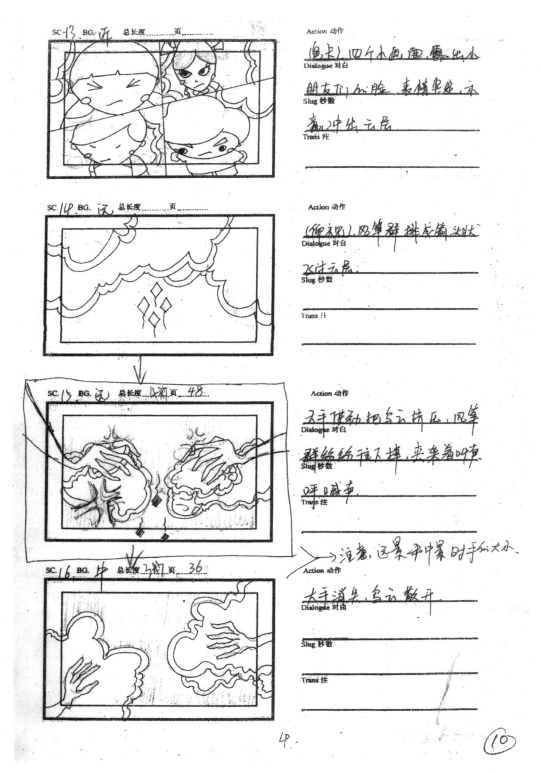

图 3-49　《Angel》分镜头脚本（4）

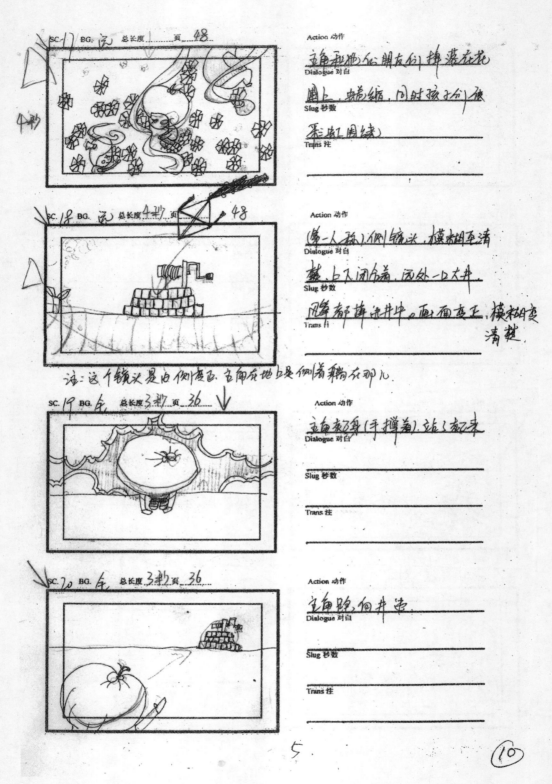

图 3-50 《Angel》分镜头脚本（5）

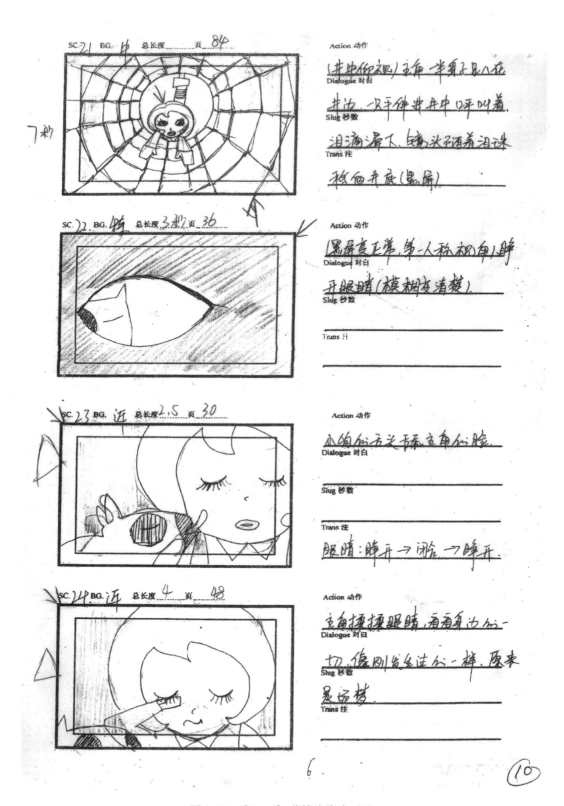

图 3-51 《Angel》分镜头脚本（6）

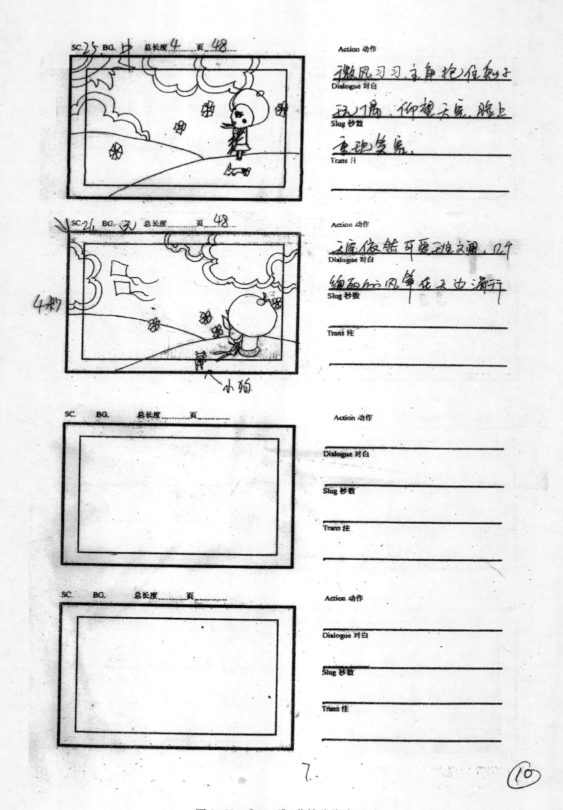

图 3-52 《Angel》分镜头脚本（7）

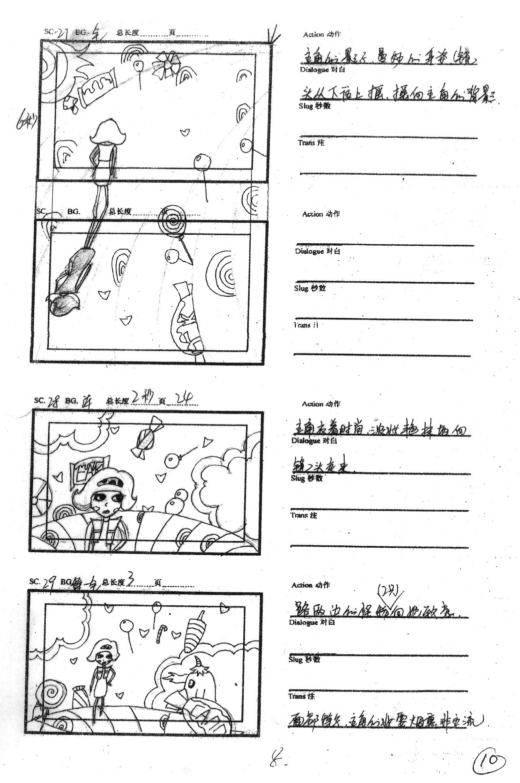

图 3-53 《Angel》分镜头脚本（8）

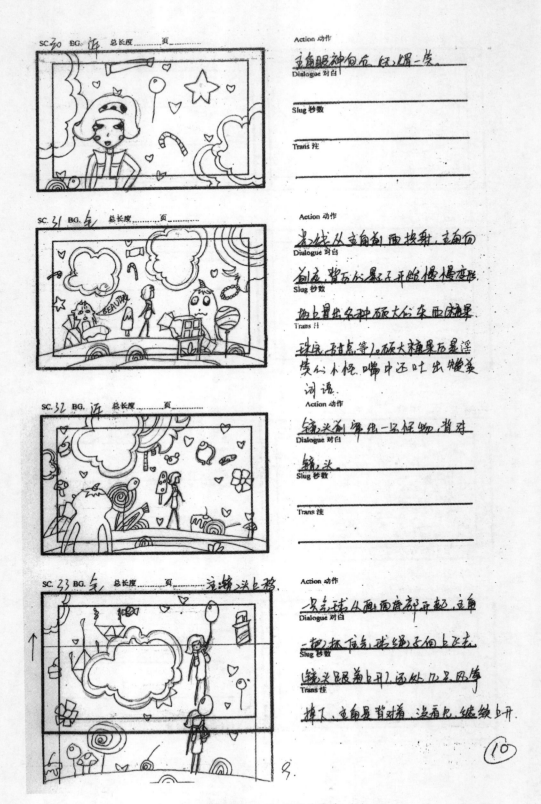

图 3-54 《Angel》分镜头脚本（9）

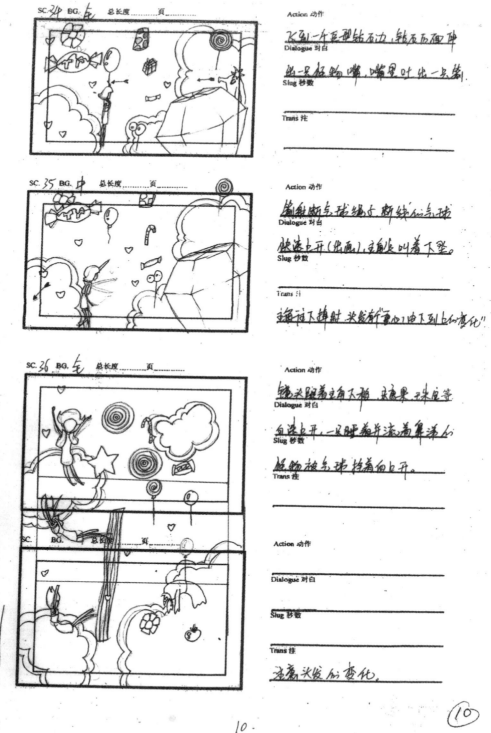

图 3-55 《Angel》分镜头脚本（10）

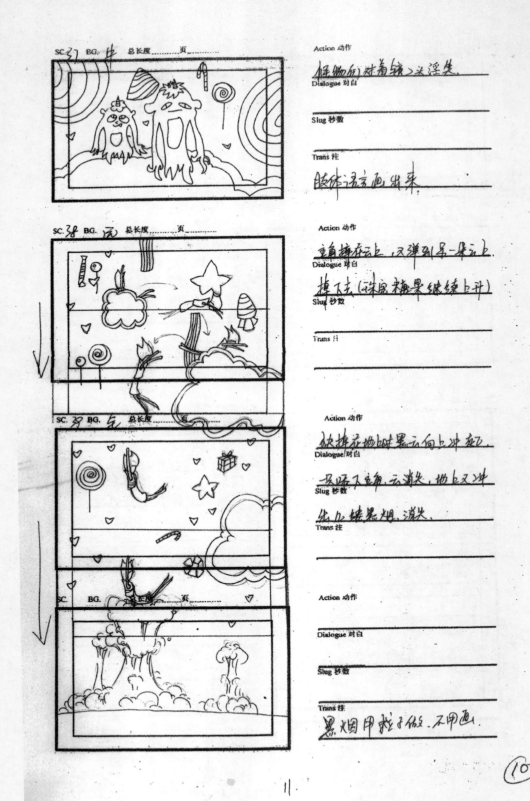

图 3-56 《Angel》分镜头脚本（11）

94

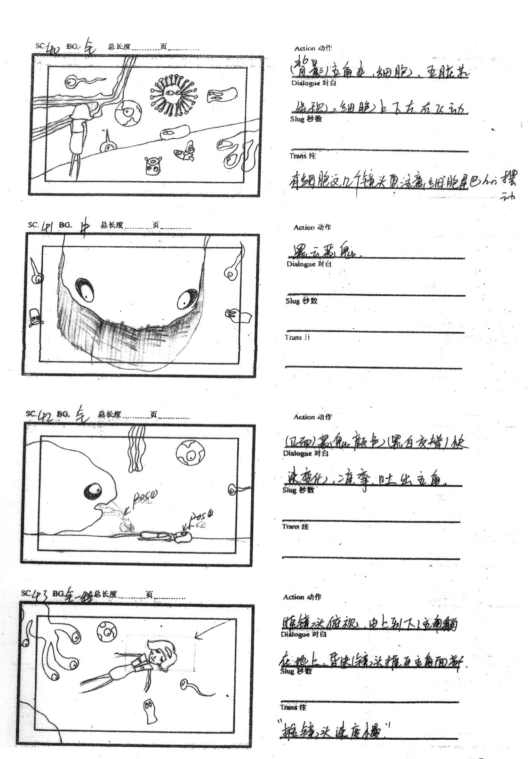

图 3-57 《Angel》分镜头脚本（12）

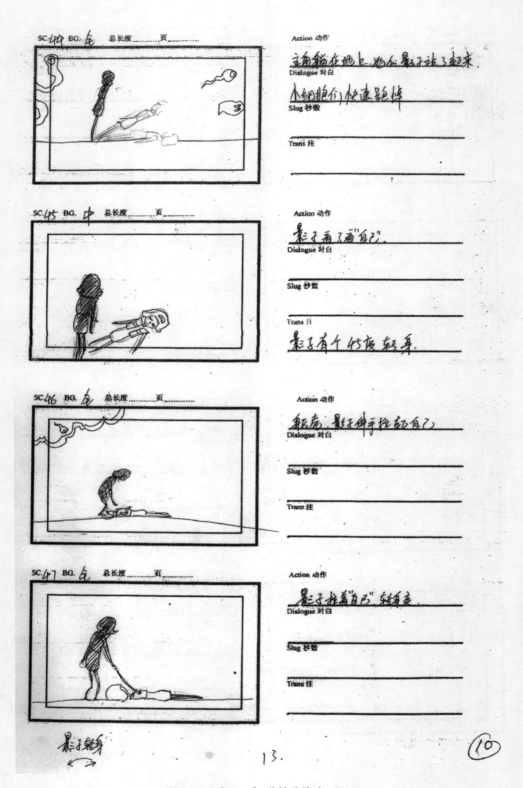

图 3-58 《Angel》分镜头脚本（13）

96

SC.48 BG. 中 总长度 20:20 页_____

Action 动作

远处一高点出现，高度加强。

Dialogue 对白

影子抬头看，正是她的风筝。

Slug 秒数

Trans 注

影子发现风筝时右手抬开，主角影子把主角的手丢了下去。

SC.49 BG. 中 总长度_____页_____

Action 动作

影子一震（加上肢体语言）

Dialogue 对白

Slug 秒数

Trans 注

震的情况下影子往后一抬头时需注意头发的摆动。

SC.50 BG. 全 总长度_____页_____

Action 动作

影子侧面的远脸变成一群

Dialogue 对白

黑色飞行物，佃风筝飞去。

Slug 秒数

Trans 注

SC.51 BG. 中 总长度_____页_____

Action 动作

（仰视）飞行物从影子头上飞过。

Dialogue 对白

影子俯身躲

Slug 秒数

Trans 注

14.

图 3-59 《Angel》分镜头脚本（14）

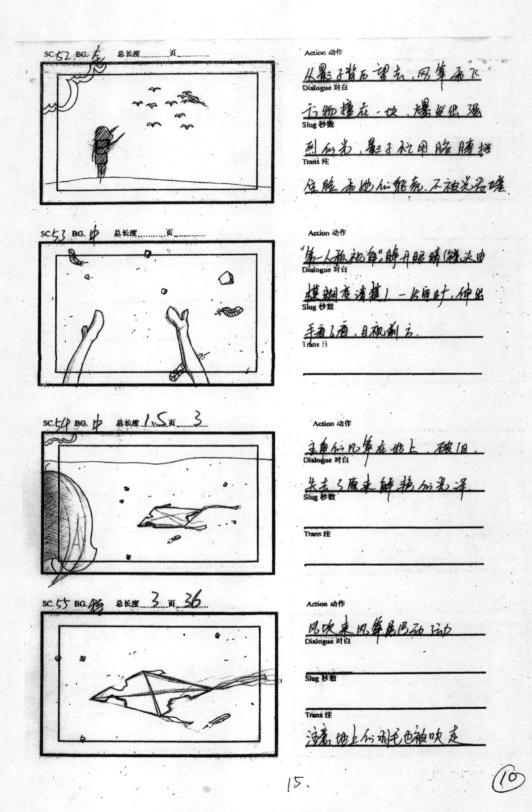

图 3-60 《Angel》分镜头脚本（15）

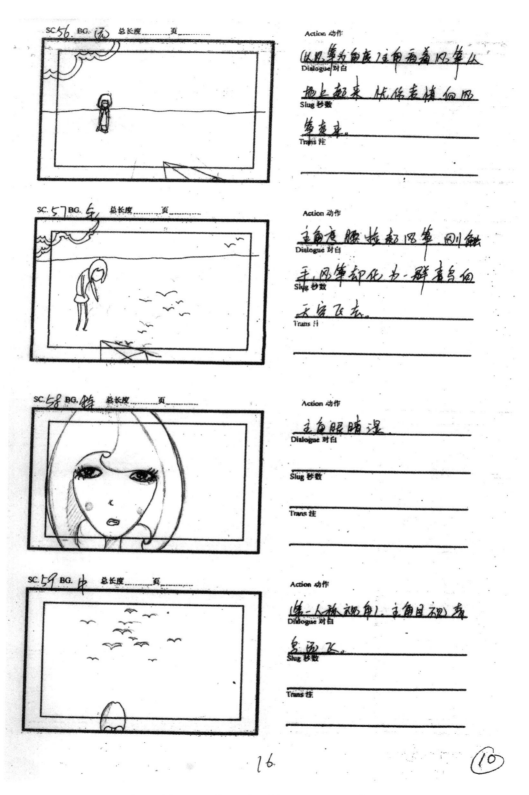

图 3-61 《Angel》分镜头脚本 (16)

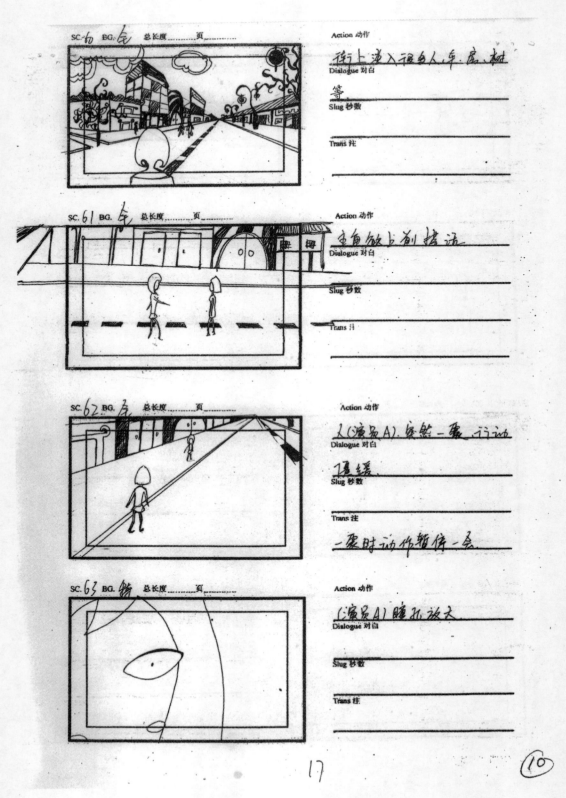

图 3-62 《Angel》分镜头脚本（17）

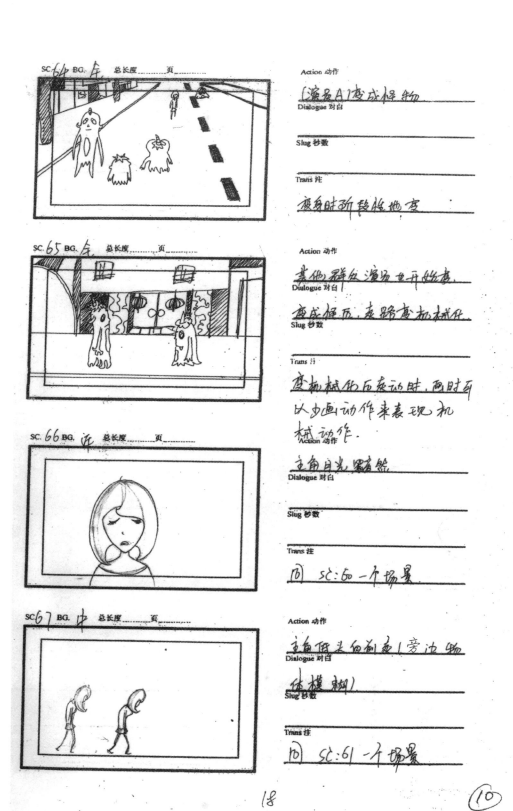

图 3-63 《Angel》分镜头脚本（18）

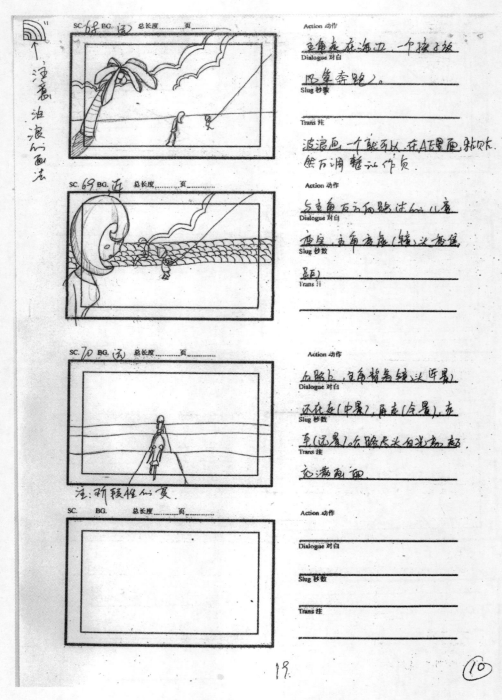

图 3-64 《Angel》分镜头脚本（19）

3.3.4 实训项目练习

请自己编写一个 3 min 的动画剧本，并将相应分镜头脚本绘制完成。

第4章 传统二维动画的中期阶段

本章节要点

- 二维动画中设计稿的认识与绘制
- 二维动画中原画的绘制技巧

4.1 设计稿设计

设计稿是在画面分镜头台本完成之后的工作，担负着承上启下的职责。设计稿创作人员在绘制前需做好认真的准备工作，深入细致地研究剧本内容，领会导演创作意图，准确把握影片风格。

设计稿的内容包括：规格框、背景线图、动作线图、人景交切线、运动轨迹、视觉效果提示等。设计稿要准确体现画面分镜头台本中的动作要求和运动方向，将画面分镜头台本中忽略的细节具体设计出来，并且要设计出画面如何分层，将人物和背景细致地区分开，一般可以分为背景层、不动层和动作层。

设计稿的作用：①提示动作；②提示场景；③提示人景关系；④提示摄影机运动；⑤其他特效后期处理。总地来说是为接下来的原画设计、场景绘制、后期和成提示具体的工作意图。

4.1.1 设计稿的规格与景别

在创作设计稿的具体过程中，首先需要明确设计稿与画框的关系，即确定规格框的大小。动画片中使用的规格框是按照国际统一的电影、电视荧幕比例确定的，用来限定拍摄的范围。

不同的镜头内容要选择与之相匹配的规格框，这样就不会因画出框外而造成浪费，或者画不满而出现穿帮的现象，这是每一个镜头都要有的，然后在每一个镜头袋上明确标注其规格大小，后面的环节都会根据此规格画框进行制作和检查。

目前使用的规格框用透明赛璐珞片制成，电影标准画面规格框（画面长宽比例为16:9）上面印有从小到大、从上到下17个规格线，如图4-1所示；电视标准画面规格框（画面长宽比例为4:3）印12个规格线，如图4-2所示，以便选定某一规格画面的标准大小之用。另外，规格框上还标有 N、S、E、W 字母，这些字母表示北、南、东、西，代表着镜头位移和运动的方向。动画片的拍摄常用5~12号框，大于12号框的画面一般用于处理人物表现的推、拉、摇、移镜头。1~4号规格框画面太小，容易丧失细节和清晰度，所以不常用。

在创作设计稿时，要注意景别在画框中的正确体现。其规格大小取决于当前屏幕的形式，取决于场景大小和表演内容。一般来说，景别大的规格就大，要能够让观众清楚地了解剧情的发展和人物动作走向。

下面把动画设计中常用的规格与景别组合，以实例的形式介绍给大家，如图4-3所示。

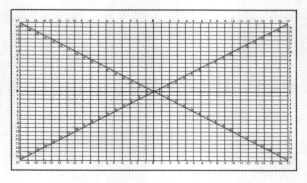

图 4-1　电影标准画面规格框

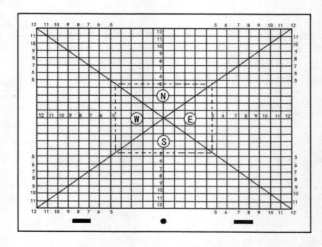

图 4-2　电视标准画面规格框

4.1.2　设计稿的绘制技巧

设计稿绘制前，影片的画面分镜头台本、人物设计、场景设计都已确定，这些资料都会交到设计稿绘制人员手中，设计稿绘制人员接到资料并查证无误后就可以开始设计稿的绘制工作了。简单来说，设计稿绘制人员的工作就是参考画面分镜头台本，把每一个镜头中的人物与背景在镜头中的精确位置确定下来，并分别绘制成线稿、人物稿交给源画绘制动作，背景稿交给背景上色人员进行上色。

设计稿绘制技巧。首先拿一张空白的动画纸，根据画面分镜头台本的提示，空白纸在上标准画面规格框在下，把画框的位置确定下来（画框就是画面大小所用的基本规格框）。画框画好后，把具体的片名、镜头号、背景号、画框的规格层数、中心点等标在指定位置，如图 4-4 所示。

设计稿中的角色 POSE。设计稿创作人员需绘制出表现角色动态的一张或几张画稿，其比例、透视、表情、动作、角色与背景的关系等都要绘制准确，为接下来的源画设计提供精确参照依据，如图 4-5 所示。

设计稿中的背景设计。拿一张空白动画纸放在背景草稿上，按草稿原有透视和构图进行具体绘制。另外要标明背景中的光源方向，以箭头的形式给予指示，人物层和背景层的对景线通常用红色笔迹标明，要保证背景和人物合成时的统一，如图 4-6 所示。在活动物体和背景出现

6～7 号框适用于大特写　　　　　　　7～8 号框适用于特写

8～9 号框适用于近景　　　　　　　9～10 号框适用于中景

10～11 号框适用于全景　　　　　　11～12 号框适用于远景

12～15 号框适用于大全景

图 4-3　设计稿的规格与景别

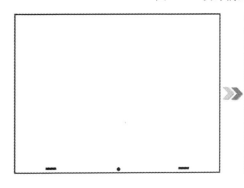
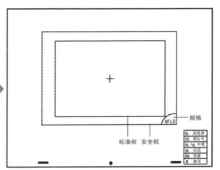

图 4-4　设计稿画框确定

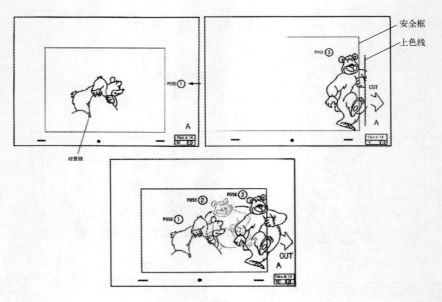

图 4-5　角色层绘制

在同一画面时，为方便制作，需把局部背景分层，也就是所说的多层背景的设计。例如一个人在树丛后活动时，就应把树丛单画一层，作为前景［OL］，这样人物就不需要对位了。有时还需要用到中层景［OL/UL］，一切都是为方便后面的制作工作，减少不必要的麻烦，如图 4-7 所示。

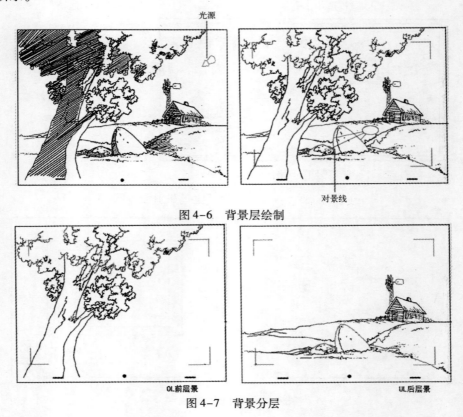

图 4-6　背景层绘制

图 4-7　背景分层

如图4-8所示，角色层和背景层按画框重叠在一起就是一个完整的画面镜头，这就要求在绘制过程中的位置、透视及画面的美观等一系列问题都要考虑周到。如果是纸张作业，可利用灯箱把多层画纸重叠在一起绘制；如果是计算机作业，可利用软件里的图层设置进行多层重叠绘制。

图4-8　设计稿合并效果

一部动画片并不需要每一个镜头都画一张背景，在同样的环境和相同视角下一张背景可借鉴使用，这就是通常所说的借用背景。借用背景时镜头袋中最好附有一张复印稿，并且要标明集号、镜号以便各工序参考、检查。另外，表现镜头跟随物体移动时，背景需要移动，有时还要用到循环移动的背景，这就要考虑将背景画长些才行，如图4-9和图4-10所示。绘制完成的背景稿还需标明时间段，即白天、黄昏还是黑夜。所有工作做好后，把复印稿放入所需镜头袋中备用，源稿送到背景部进行彩色背景绘制。最终，镜头袋中要放有一张规格框（代表本镜头所用规格大小）、角色层、背景层，如图4-11。

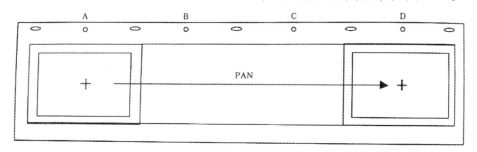

图4-9　加长移动背景1

图4-10　加长移动背景2

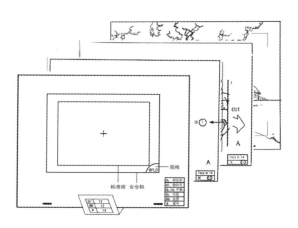

图4-11　镜头袋中所需设计稿图

4.1.3 案例赏析（案例赏析见图4-12～图4-18）

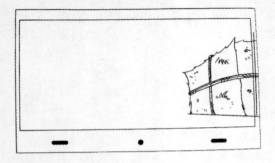

图4-12 前景层（OL）

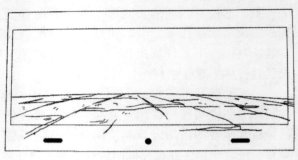

图4-13 中景层（UL）

图4-14 背景层（BG）

图4-15 背景各层合并效果

图4-16 角色层（pose1）

图4-17 角色层（pose2）

图 4-18　合成镜头

4.1.4　实训项目练习

1）根据图 4-19 给出的画面分镜、场景设定和角色设定绘制本镜头的设计稿。

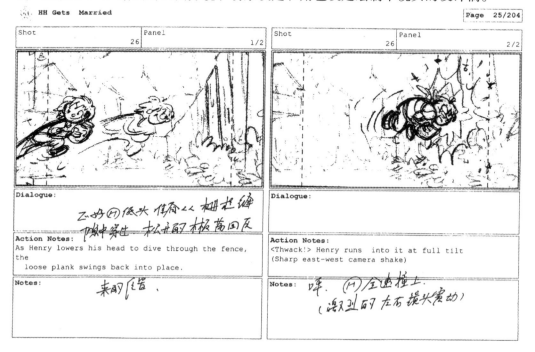

图 4-19　实训 1

图 4-19 实训 1（续）

2）根据图 4-20 给出的画面分镜、场景设定和角色设定绘制本镜头的设计稿。

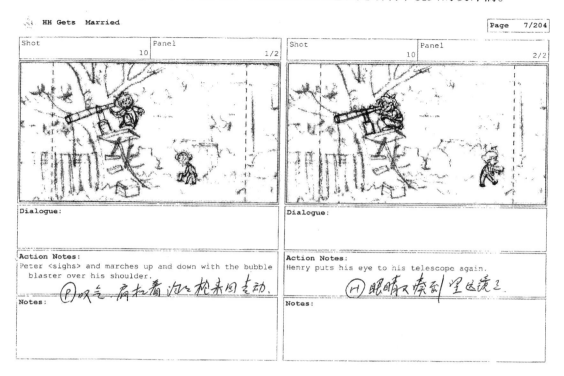

图 4-20　实训 2

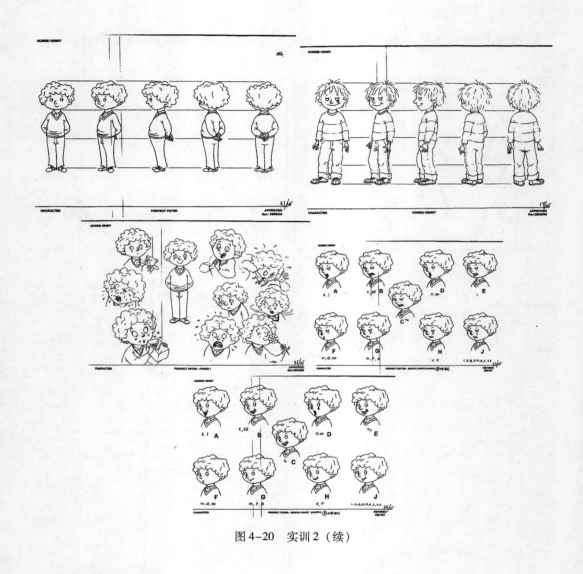

图 4-20　实训 2（续）

4.2　原动画设计

原画设计和动画设计并不是简单地去模仿真人或者动物的动作。正如高飞狗（见图 4-21）的创作者阿特·巴比特（Art Babbitt）说到过："首先，世界本身并不存在动画。在动画中，你可以尽可能地夸张，可以沉迷于奇幻世界中，也可以做真人无法实现的动作和事情。如果你不利用动画特有的优势，那么为什么还要费心制作它呢？"。

原画设计通常可简称为原画，指物体运动过程中的关键动作，在计算机设计中称为关键帧，译为"key–animator"或"illustrator"（较少用）。原画通常以线条稿的形式画在纸上，阴影与分色的层次线也在此步骤时画进去。严定宪先生在《动画技法》一书中这样解释原画："原画是动画片里每个角色动作的主要创作者，是动作设计和绘制的第一道工序。原画的职责和任务是：按照剧情和导演的意图，完成动画镜头中所有角色的动作设计，画出一张张不同的动作和表情的关键动态画面。概括地讲，原画就是运动物体关键动态的画。"

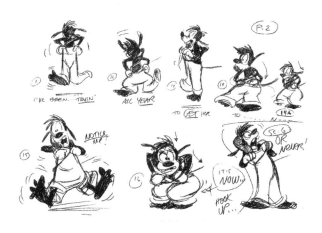

图4-21　高飞狗夸张的旋转、跳跃动作

动画设计也可称为中间画制作（In-Between frame），通常简称为动画。动画是在原画给出的时间范围内，按运动规律将原画间的变化补充完整，使一系列动画看上去更加自然、流畅。

在此以类似摆动的钟表为例，如图4-22所示。右图中左上角为原动画的轨目表，用来表示原画与动画之间的位置距离关系。横线较长且数字有圆圈标注的为原画张，由原画师绘制。横线较短的为动画张，动画张中先画横线较长的张幅。通常时间表由原画师给出，动画师依照此表进行绘制。图中钟摆以红色线条和字体显示的是原画张，蓝色显示的是动画张，绳子的长度在摆动时仍维持原样，所以中间原画的位置在动作中形成圆弧。两张原画中间添加两张动画，是因为钟表摆动时的缓冲作用，这会让运动看起来更加自然。

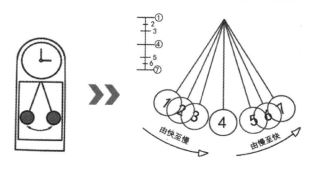

图4-22　摆动的钟表

4.2.1　人物的基本运动规律

不论在动画中还是在电影中最常出现的角色就是人类，掌握人物动作的基本规律是必不可少的。如果不是因为学习原画和动画，可能很少有人会去观察日常行走时手臂摆动的幅度、跑步时身体倾斜的角度、跳跃时面部的表情和四肢的协调。要想成为一名合格的动画设计师，那么从现在开始大家就要学会去用心观察，观察自己、观察周围生活的点滴。这也应验了艺术创作的基本规律——创作源于生活。

1. 人物行走动作设计

人物行走时，胳膊与双腿呈交叉相反方向摆动，如图4-23和图4-24所示。

图4-23　手臂摆动如钟摆　　　　图4-24　腿部伸直→弯曲→伸直循环运动

人物行走时，躯干部分不是呈一条直线状向前滑行，而是忽高忽低的起伏状态，躯干运动轨迹线为中间高两头低，如图4-25所示。

行走时的动作特征也会各不相同，比如会受到角色年龄、性格甚至心情的影响，打破了常规M形的运动起伏线，躯干起伏轨迹线呈S形先低后高，如图4-26和图4-27所示。这样的行走看起来会更加生动。

图4-25　人物行走躯干运动轨迹　　　　图4-26　人物行走躯干运动轨迹

图4-27　无规则自由行走模式

如图4-28～图4-31所示，表现了4种不同的个性化的行走动作。

人物正面行走时要注意肩膀与胯部的扭动关系。女性盆骨较宽，为了凸显形体特征，可

114

图4-28　开心的走路姿势

图4-29　失落的走路姿势

图4-30　蹑手蹑脚的走路姿势

图4-31　得意忘形的走路姿势

以使其臀部的摇摆更为明显，肢体动作也更为柔软些；男性肩膀较宽，走路时肩膀的摆动更为明显，肢体动作更为硬朗，如图4-32～图4-34所示。

图 4-32　正面行走

图 4-33　女性正面走

图 4-34　男性正面走

2. 人物跑步动作设计

在跑步动作中，其运动轨迹一般为 S 形弧线。在特殊情况下，角色奔跑时的运动轨迹也不一定是曲线，有时腿部做快速的交叉替，但身体保持一个姿势，就会呈直线的运动轨迹前进，如图 4-35 和图 4-36 所示。

图 4-35　跑步动作 S 形轨迹

如图 4-37 和图 4-38 所示，跳跃步奔跑动作躯干起伏较为复杂多变，S 形的运动轨迹线只是概括性的跑步运动轨迹线，并不适应于所有的跑步运动，每一套动作都可以有更加自由的发挥。

116

图4-36　直线奔跑运动轨迹线

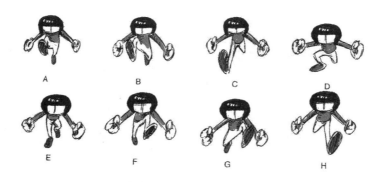

图4-37　正面跑步姿势

图4-38　跳跃步奔跑动作

4.2.2　动物的基本运动规律

设计动物的行走和跑步动作时，要注意表达出不同种类动物的动作特征。下面将介绍生活中及动画作品中常见的几种动物运动规律。

1. 狗

狗与狼、狐狸、猫、老虎、豹等动物的行走和奔跑的动作大同小异。如图4-39所示，注意跨步姿势中的错落，犬类为保持身体的平衡，所以，后肢的前跨总是试图填补前足离开后留下的空缺。如图4-40所示，左图中犬类的前肢像是被折断了，这是错误地把马的前肢弯曲状况照搬到了狗身上的结果。如图4-41～图4-44所示为狗的奔跑动作。

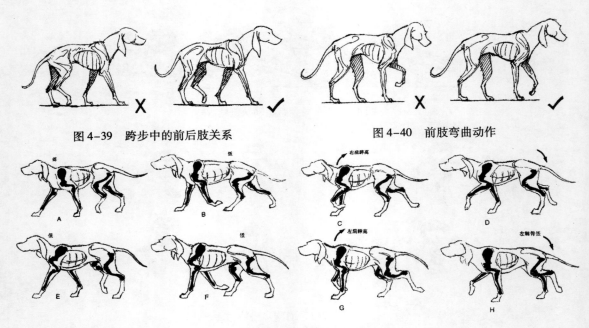

图 4-39　跨步中的前后肢关系　　　　图 4-40　前肢弯曲动作

图 4-41　狗行走时身体的起伏变化

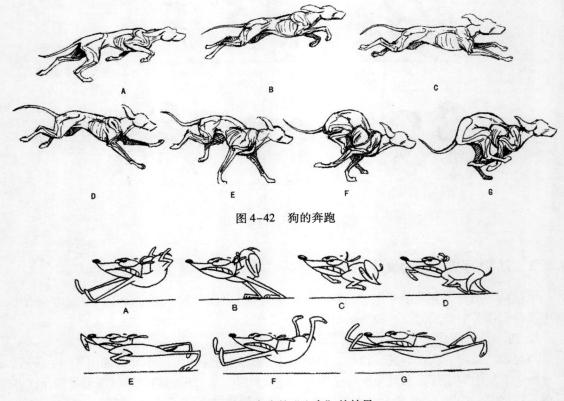

图 4-42　狗的奔跑

图 4-43　夸张的"飞奔"的效果

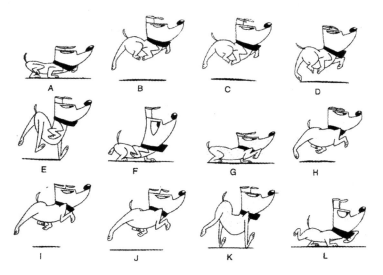

图4-44　富有弹性的轻快跑跳步

2. 马

马和驴、鹿、羊的行走和奔跑动作类似，其行走和奔跑动作如图4-45和图4-46所示。

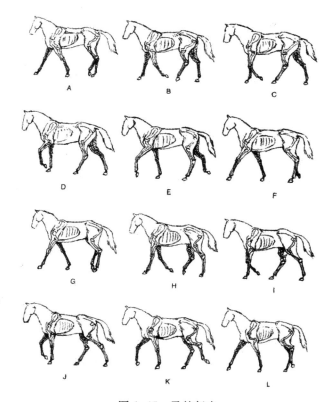

图4-45　马的行走

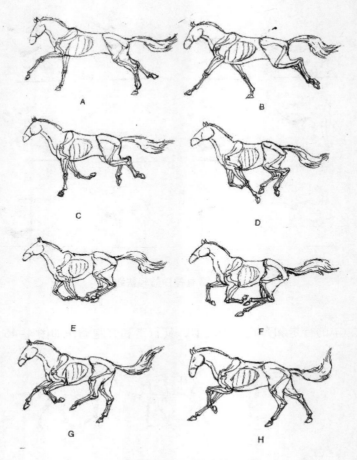

图 4-46　马的奔跑

生动、有趣的动作并不在于设计师能否恪守所谓的动作规律、运动轨迹、骨骼和结构，所谓的这些规则应该是帮助设计师进行创作的工具，而不是束缚思想和创作的枷锁，如图 4-47 和图 4-48 所示。

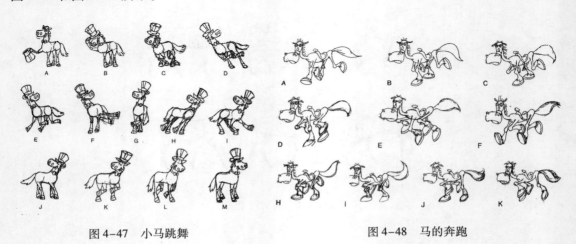

图 4-47　小马跳舞　　　　　　　图 4-48　马的奔跑

3. 鹿

鹿行动机敏，奔跑速度较快，步伐轻盈具有弹性，如图4-49和图4-50所示。

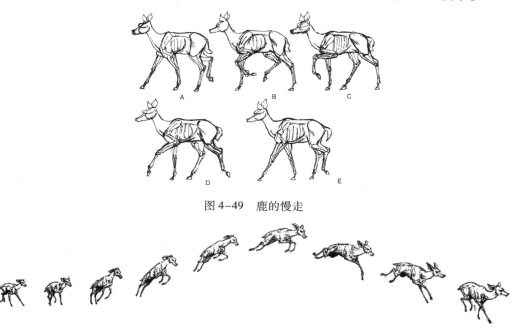

图4-49　鹿的慢走

图4-50　鹿的跳跃

4. 猫

猫的身体非常柔软，弹跳能力很强，并且能够从细小的空间钻出，所以猫的身体可以被拉伸很长，也可以蜷缩成一个球形，如图4-51和图4-52所示。

图4-51　猫的攀爬和附身爬行

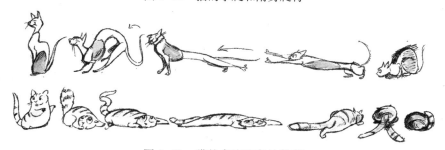

图4-52　猫的奔跑和害怕躲藏

5. 兔子

兔子跳跃时起跳前的预备动作要给予足够的时间和相对明确的姿势，在跳跃的顶端可以多给一些时间，兔子身体柔软富有弹性，所以要注意着地时的缓冲，如图4-53所示。

图4-53　兔子的跳跃

6. 大象

大象由于体型巨大，四肢粗壮，跨步及奔跑动作远不如马、鹿、羊等善跑类动物轻巧、灵活，而是显得很笨拙，抬腿不高，如图4-54和图4-55所示。

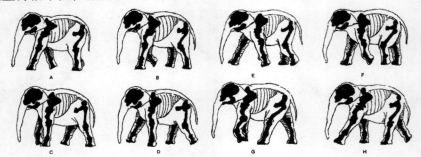

图4-54　大象的行走

图4-55　大象的行走

7. 猩猩

猩猩虽然是四足着地行走，但它的跨步动作与直立行走的人类差不多，尤其是它的后肢动作，如图4-56所示。

8. 狮子

狮子和马能用同一"模式化的"行走来设定它们的四肢变化关系，如图4-57和图4-58所示。

9. 牛

牛的行走动作不同于鹿和马，牛体型粗壮，四肢并不太长，步行速度缓慢，其节奏也遵循"交叉步""半步"的前后肢更替原则，如图4-59所示。

图 4-56　猩猩的行走

图 4-57　狮子的行走

图 4-58　狮子的奔跑

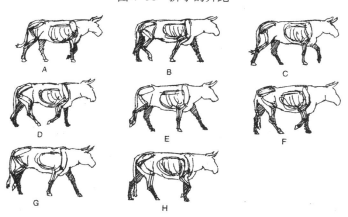

图 4-59　牛的行走

10. 羚羊

羚羊从形体结构上看与鹿和马的形体相似，但动作略有差异，如图 4-60 所示。

图 4-60　羚羊的奔跑

11. 鸟类

鸟类的主要动作为飞行，鸟类飞行翅膀向下扇动时其外形呈凹状，向上扇动时外形呈凸状，如图 4-61 所示。翅膀向下扇动是为了获得身体上升的力量和向前行进的推动力，向上扇动则是为了让翅膀回归到起点位置。翅膀的扇动同时带动身体的上下浮动，翅膀向下扇身体向上浮，翅膀向上扇身体向下沉。如图 4-62 所示为秃鹫飞行动作，如图 4-63 所示为海鸥飞行动作。

图 4-61　翅膀上下扇动时的形态

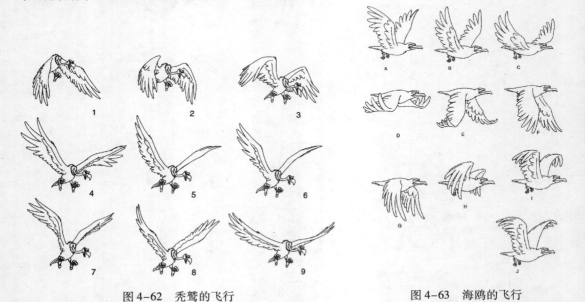

图 4-62　秃鹫的飞行　　　　　图 4-63　海鸥的飞行

某些体型较小的鸟类或昆虫飞行时翅膀的扇动通常较快，为表达快速扇动的翅膀，用上下两张源画进行反复交替拍摄即可，如图 4-64 所示。

图4-64　麻雀与蜜蜂的飞行

　　蝴蝶的翅膀相对自身而言比较宽大，扇动时空气阻力会使翅膀呈弧形。另外，蝴蝶的飞行轨迹有它自己的特点，为不规则的曲线，无规律可循，如图4-65所示。

图4-65　蝴蝶的飞行

　　蝙蝠的飞行轨迹也是不确定的，但翅膀的扇动仍然遵循向下扇翅、躯干上浮，向上扇翅、躯干下沉的规律，如图4-66所示。

图4-66　蝙蝠的飞行

　　表现鸽子即将停止飞行的动作时，可以翅膀向前扇动，这也符合"刹车"或"减速"的动作特点，如图4-67所示。

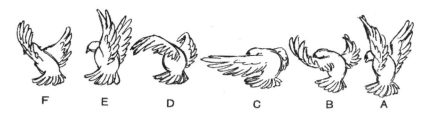

图4-67　鸽子飞行时的停止预备动作

4.2.3　自然现象的基本运动规律

1. 草

　　草的运动规律为典型的"8"形运动曲线，与动物尾巴的摆动规律相似。如图4-68所示，风吹动的力量从一点扩散开来，草的中段首先受力，所以a点先弯曲，然后力量传递至草的尖端和根部，使草的尖端形成S形曲线的运动轨迹。

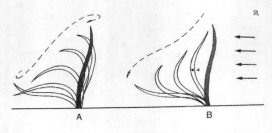

图 4-68　草的运动规律

2. 水

水滴落到地面时与地面碰撞、挤压产生变形，从中央向四周迸发扩散。水滴落在水面上，会产生一圈圈同心椭圆形呈波纹状向四周扩散直至消失，如图 4-69 所示。

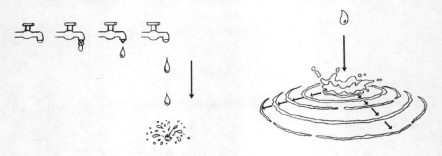

图 4-69　水滴滴落

物体落入水中后落在水面的物体会把水向外排挤，同时产生飞溅的水花，物体继续下沉，四周的水在中间相遇产生一股冲力，向上形成一条水柱，形成水柱时带出水花，水花下落的速度比水柱要慢，水花逐渐散落后水面逐渐平静，如图 4-70 所示。

在大海中海水受到风的影响形成海浪，风的大小直接影响海浪的形状，如图 4-71 所示。

图 4-70　水花溅起　　　　　　　　　图 4-71　海浪的运动

3. 火

火苗的运动过程可归纳为扩张—收缩—摇曳—上升—下收—分离—消失 7 个状态，如图 4-72 所示。火焰运动的时间和运动速度要比火苗的时间长些速度慢些，要注意从整体的角度看火焰的运动，使其自然、流畅、徐徐上升并富有变化，如图4-73所示。

图4-72　火苗的运动　　　　　　　　　　　　图4-73　火焰的燃烧

　　受到风的影响蜡烛被吹灭，首先火苗会摇晃不定，然后产生分离、消失，直到熄灭生出青烟慢慢消散，如图4-74所示。

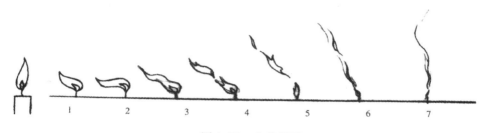

图4-74　火苗熄灭

4. 烟

　　如图4-75所示，从上至下烟的表现形式大致分4种：①波浪形的烟；②锥形的烟；③屋脊形的烟；④熏烟形的烟。烟的运动规律：生长—摇曳—弯曲—分离—变细—消失。汽车尾气排出的烟其运动规律：排出—还原—扩展—消失，如图4-76所示。

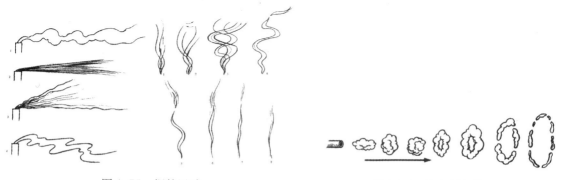

图4-75　烟的运动　　　　　　　　　　　图4-76　汽车尾气的运动

　　表现浓烟时，可以把烟归纳成大小不一的球体来绘制，球体不断上升，在尾部逐渐分离出一些小球，然后逐渐消失，这样浓烟产生、上升、消失的效果就表现出来了，如图4-77所示。

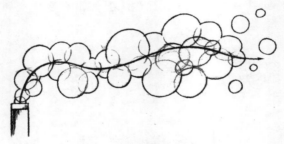

图 4-77　浓烟的运动

5. 雪

雪花自身重量较轻，如果没有大风吹动，雪花一般会呈波浪形的曲线随风飘动。在影片中为了体现雪景丰富的层次感，通常使用前、中、后 3 层画面来重叠表现。如图 4-78 所示，左图为前层雪花，体积较大且下落速度稍快，约 2 s；中图为中层雪花，雪花大小适中，速度比前层雪花稍慢些；右图为后层雪花，体积最小可呈点状且下落速度也最慢。

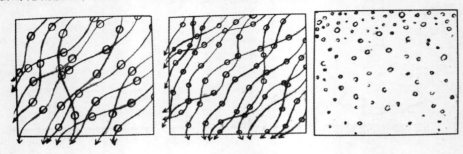

图 4-78　雪的运动

6. 雨

雨受风的影响其轨迹线呈一定倾斜角度。为表现场景的纵深感，通常也把雨景分为 3 层，如图 4-79 所示，从左至右分为：前层、中层、后层。前层雨滴较大，雨滴间的距离也较大，速度较快；中层可用粗细适中，相比较前层雨滴略长的直线表示，雨滴间的距离略密集些，速度适中；后层雨滴可用片状的细而密的直线来表示，速度最慢。

图 4-79　雨的运动

4.2.4　动作时间与节奏

角色的动作是在原画和动画设计中表现的内容，动作包括角色肢体动作的变化、面部表情的变化和人景间运动距离的变化。由若干不同姿势按顺序组成的动作只有通过时间的安排才能流畅地展示出来，仅有关键姿势并不能称之为原画，只有在确定了各姿势间的时间关系后才能成为真正的原画稿，所以，原画师要能够灵活把握时间的节奏。

原画师通过轨目表和摄影表记录时间设定，通过表格把动作间的时间关系清晰地传达给后续工作者。节奏慢的动作，连接原画稿的动画稿就多，所耗的时间就长；反之，节奏快的动作，连接它们的动画稿就少，所耗的时间就短。

轨目表是由原画师在每一张原画稿上给出的，是给动画师确定原画间动画张数和位置的依据。轨目表由箭头形直线和数字组成，数字代表画稿，箭头则用来表示变化的方向，箭头形直线上的垂直线表示每张画稿的具体位置。如图4-80所示，数字外有圆圈代表原画稿，数字外有三角形表示中间画稿位置（本轨目表中3等分了1和5之间的距离长度，2和4又分别等分了1和3、3和5之间的距离长度，显示出2、3、4动画稿是平均分割原画稿A① ~ A⑤的。）

图4-80 轨目表

如图4-81所示，在动画稿数量一定的情况下，不同的位置分割会产生不同的动作效果。a图中，动画稿平均分割了两张原画稿之间的距离，球体匀速前进；b图中，动画稿集中靠近在起点A①附近，球体加速前进；c图中，动画稿集中靠近在A⑤附近，球体减速前进。

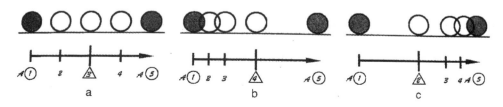

图4-81 轨目表

摄影表是摄影师拍摄动画稿的根本依据，是角色动作节奏、时间安排和镜头运作操作的记录表，能清晰地反应出每个动作的拍摄时间、拍摄顺序。如图4-82所示，横向排列的数字代表动画层数，垂直排列的序号代表格数，即拍摄当中的每一帧，这里将25格定为1s，按图表中1层填写的情况来看A①占有16格（帧），而2~6分别占2格（帧），A⑦占8格（帧），A⑧、A⑨各占1格（帧）。由此可见，这是一个角色快速出景的动作。在时间的安排上，A⑦停顿了8格，而A⑧和A⑨分别只拍摄了一格，强调了静止与运动的对比，增加了动作的速度感。

另外，动画中还有两个必不可少的要素——"预备"和"缓冲"。预备动作应用于动作开始前（开始时），预备动作幅度越大时间越长，动作发生的力量就越大、速度也越快。反之，预备动作的幅度小、时间短，动作发生的力量就小且速度慢。如图4-83所示，汽车向左前进，预备动作则向右运动，这是典型的"欲左先右"预备动作。

图 4-82 摄影表及其所体现的角色快速出景

图 4-83 汽车的预备动作

缓冲动作应用于动作结束时，表现为动作停止时有一个缓冲然后再恢复到本该停止的位置上，也就是惯性，主体动作的延伸。如图 4-84 所示，运行中的汽车计划停止在 B 点，但惯性力使它延伸至 C 点，然后再后退到 B 点的位置，从 C 点回到 B 点就是汽车的缓冲过程。

图 4-84 汽车的缓冲动作

4.2.5 实训项目练习

（1）设计出①~③之间的手势动作（图 4-85）。

图 4-85 实训 1

（2）以两组行走动作分别来表现该角色的兴高采烈和情绪低落（见图 4-86）。

图 4-86 实训 2

（3）以循环方法表现动物的快速跑（见图 4-87）。

图 4-87 实训 3

（4）以循环方法表现下雨的场景（见图 4-88）。

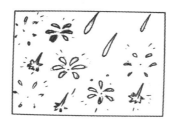

图 4-88 实训 4

第5章 二维动画的后期阶段

本章节要点

- 二维动画后期工作中对线条、颜色的处理方法
- 声音与画面的结合
- 后期画面效果的处理

5.1 图像处理

5.1.1 线条的处理

此小节以二维动画软件 Animo 为例，动画画稿线条的处理在 Animo 中对应的是 ImageProcessor 模块，该模块是生成区域线和描绘线的模块。

1. 区域线的生成

区域线是指对要上色的区域制定一个区域分界线，使画稿的线条能够区分上色的区域。在后面的 InkPaint 模块中就是根据区域线进行填色的，用这种方法上色既不会破坏原本线条粗细浓淡的节奏变化，还可以得到很好的画面效果。

调整区域层值时，ImageProcessor 会沿描绘层线条的位置精确地描绘区域边线。仔细检查画稿中复杂线段的区域，防止区域线中产生空白。放大窗口中的画稿，查看区域线尾端，所有的区域线尾端都有一个蓝色像素，通过这些蓝色的端点可以轻易地找到那些未封闭的区域。还要防止绘制多余的区域边线，这些多余的边线极像画稿中的污点，或者扫描线汇合处形成的交叉线段。

区域边线不参与最终输出，但如果区域边线与描绘层不在同一位置，或者是没有完全的吻合，此时上色区域就无法与上色线匹配，就不可能正确地进行上色，需要到 InkPaint（上色）模块中进行手动修改区域边线，以求得正确的上色效果。

2. 修补区域线条

计算机生成区域线条会因为动画描绘线质量的好坏而产生或多或少的漏线，需要修补后才能为色块区域上色。

将上色窗口作为当前窗口，选择"Fill Paint"（填充上色）工具，并在调色板窗口里选好颜色后，鼠标移动到动画稿上，可上色的区域会显示为虚线，如图 5-1 所示。填充上色工具选择在人物的皮肤上，而虚线区域几乎布满整张画稿，证明在该区域的线条上肯定有断线，需要修补，如图 5-2 所示。此功能提供了一个快速查找漏线区域的方法：先放大画稿，再选择"Fix"（修复模式）或者"Track"（跟踪显示模式）来查找漏掉的区域线条。

图5-1 画板可上色的区域显示为虚线

图5-2 角色身体区域有断线

如图5-3所示，A1、A2是修复模式查找，B1、B2则是跟踪显示模式查找。这两种查找方式中，跟踪显示模式较为快捷。在线条众多的画稿中，切换到跟踪显示模式后，各种漏洞均一目了然。

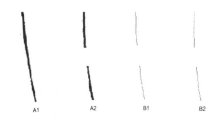

图5-3 查找断线（线条从左至右为A1、A2、B1、B2）

找到断线后，首先要确定断线的类别。一般来说，区域线条出现漏洞大致分为以下两种情况：

1）第一种是计算机未生成好区域线条所造成，如图5-3所示的线条A1、B1，只需要补全区域线条即可。

修补方法1：选择"Trace Brush"（描绘笔刷）工具，切换到"Fix"（修复模式）显示，把"Regions Toggle"（区域切换）工具调节为按下状态，依据描绘层线条，把线头连上即可，如图5-4a所示。

修补方法2：选择"Pencil"（铅笔）工具，切换到"Fix"（修复模式），依据描绘线条，连上两边线头即可，如图5-4b所示。

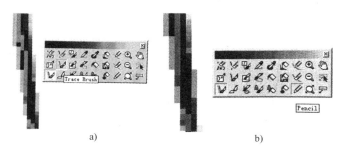

图5-4 线条修补方法

a）"Trace Brush"（描绘笔刷）工具修补线条 b）"Pencil"（铅笔）工具修补线条

2）另一种情况是描绘层（动画层）线条缺失，原因是动画师忘记画或者画上去的笔触过轻，导致缺失部位既无描绘层也没有区域线条，就会造成图5-3所示的A2、B2的情况，需要补上描绘线和区域线。

修补方法：选择"Trace Brush"（描绘笔刷）工具，把"Regions Toggle"（区域切换）工具调节为按下状态，切换到"Fix"（修复模式），执行"View"（查看）→"Tranced line quality"（描绘线质量）命令，在弹出的设置对话框里选好与该补线区域相匹配的线条粗细度，依据线条的走势或者动画原稿来修补该区域线条，如图5-5所示。

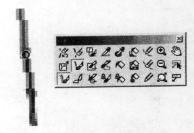

图5-5 "Trace Brush"（描绘笔刷）工具修补线条

如果线条缺失区域过大，就需要重新扫描画稿或者切换到See-thru（看透模式），参考前后几张的画稿来补上缺失部分。

3. 描绘线的处理

默认情况下，Trace（描绘线）选项为Processed，该选项设置就是以何种方式显示描绘层，即扫描画稿的黑白效果。

不同的选项分别代表不同的显示方式：①Off：不显示描绘层；②Raw：显示不受Clamp值影响的画稿；③Processed：显示受Clamp值影响的画稿；④Only Solid：只显示受Clamp值影响后转换成纯色的画稿；⑤Non-transparent：所有不透明的像素均显示为纯色；⑥Region（区域）复选框设置用于是否显示区域层，即红色的区域边线。在100%或更大缩放比例时显示较快，缩放比例低于100%时显示较慢，且由于该区域边线宽度为一个像素，所以在放缩比例较小时也不大容易看出来。

4. 线稿去污

动画稿扫描时，由于动画纸或者扫描仪不干净会在扫描后的画稿上出现污点，而输出动画片是不允许出现这种小污点的，所以就得人工处理掉。

线稿去污有两种方法：①由于污点是非人为性因素造成的，其相对应的描绘层和区域层都得去掉，运用"Trace Erase"（描绘橡皮擦工具）框选去掉即可；②运用"Clean up"（清除工具）框选污点，把污点设为透明色，因为透明色在最终输出动画的时候不会显示出来。

去污这一步骤既可以放在画稿上色之前，也可以放在上完色之后。

5.1.2 颜色的处理

在Animo中的InkPaint模块主要作用是编辑颜色模板和使用颜色模板为动画稿上色，为方便最后Director模块的合成工作。

1. 透明色指定

透明色的选取与一般颜色的选取基本相同，不同的是在颜色选取好了之后，需要在颜色选择器里的"A滑块"里调节透明度。确定后拖拽到调色板即可，如图5-6所示。在动画上色时，用此颜色上的色块区域会有不同程度的透明。上色时指定的透明程度决定色块区域的透明程度。

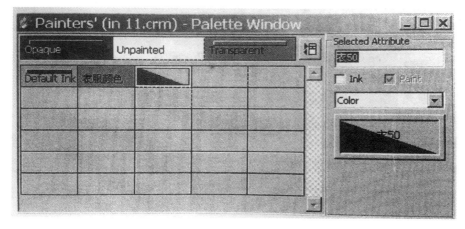

图 5-6 透明色在调色板中的显示和取名

2. 线条颜色过渡的设定

在动画稿中，动画师画出一个角色或一个物体时，往往会画出明暗分界线。而最终输出画稿时，其实是不需要这些线条的，所以要把它们去掉。线条的过渡是指去掉区域色块之间的线条时，为了不使两块区域色之间形成颜色对比，把线条的宽度变为这两种颜色相互交融的一个过程。

执行"File"（文件）→"Open"（打开）命令，打开一个做好的色指定模板，设立不同的线条颜色和特效：

1）不作特效的线条色指定：在调色板窗口中，选取"头发暗"这个颜色后，勾选"Ink"选项，菜单里选择"Color"（颜色）模式，默认线条宽度为"1.00"，则此线条颜色设立完成，如图 5-7 所示。

2）过渡线条色的设置：在调色板窗口中，选取"头发暗"，勾选"Ink"（墨水）和"Paint"（油漆）选项。在下拉菜单中，选取"Blend"（混合）模式，以及设立好的过渡范围（Width）。此时，色块上的标志就变成了上白下黑缓缓过渡的线条，这也是过渡线条色的标志，如图 5-8 所示。

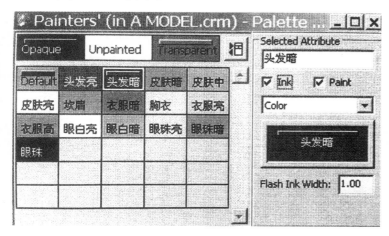

图 5-7 不作特效的线条色指定

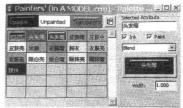

图 5-8 过渡线条色的设置

135

5.1.3　实训项目练习

设置区域边线时，有些线条不需要连接，如角色脸部的皱纹或者身体部位的结构线等，尝试保留空白线的设定。

5.2　声音处理

动画片是集视觉感观、听觉感受为一体的艺术表现形式，听觉感受中的声音处理是必不可少的组成部分，得当、合理的声音处理能够提高动画片的听觉感受，进而从整部提高观影质量。根据影片的资金投入、风格类型、制作团队等因素，声音的制作和处理也要有一个整体的设计规划阶段，通常称之为声音设计。

5.2.1　声音的分类与制作

动画片中的声音设计由 3 个基本元素构成——语言、音乐和音效。

1. 语言

动画片中的语言包括角色在相互交流、表达思想和情绪等感情时发出的各种声音，比如对白、笑声、哭喊声、歌声、解说等。

在表现角色语言时有一个专门的职业——声优，英语简称为 VA（Voice Actor），声优意为"声音的演员"。作为声优的声音特点不仅要音色动听，还要能够反串各种性别、年龄、情绪的表达，比如女性声优要能够反串男性角色，能够完成从小孩到青年、中年、老年的各种声音，能够把握广阔的音域，从耳语自如的跨度到尖叫，在这不断的变化中声优还要始终保持所饰角色的声音特点。声优的配音是对影片角色的二次塑造，大部分影片受到制作周期和成本的制约，通常都是根据剪辑好的画面对角色编配声音，采用后期配音的方式。

2. 音乐

动画片中的音乐包括主题曲、插曲和片尾曲等。

动画片中的音乐在构思、创作和乐器配合等方面都要与导演协商、交流，使音乐符合影片主题和故事背景，使故事情节更加具有感染力。动画片中的音乐多半请专业的作曲家来设计制作。音乐的制作规模主要根据预算决定，预算多时即可聘请有名的音乐家或交响乐团来演奏主题曲，预算少时可只请一人用计算机混音完成。现在也有许多数字音乐编辑、MP3制作软件，比如 Cool Edit。Cool Edit 可以自行录制歌曲进行音乐制作，也可以在已有的音乐文件中进行剪切、延迟、声音重叠等操作，可生成比如低音、噪声、电话信号等音效，还可以进行如 MP3、AU、AIF、Raw PCM、VOC、SAM、WAV、VOX 、RealAudio 等文件格式的转换。

3. 音效

动画片中的音效是指除语言和音乐之外的一切声音，比如鸟鸣、脚步声、敲门声、爆炸声、车马声等。

音效通常在自然音响上做适当的夸张处理，为动画剧情增加真实感的同时增加戏剧性。制作音效的专业人员通常称为拟音师，拟音师的任务是创造各种适于剧情需要的声音形象，使各种声音融合并和画面效果结合到一起，使声画效果自然流畅、层次分明。

5.2.2 声音与画面的结合

在影视包括动画作品中，声音和画面的结合常见为 3 种形态："声画合一""声画分立"和"声画对位"。

1. 声画合一

声画合一也可称之为"声画同步""写实声"或"声画统一"。也就是说，画面中的影像和它所发出的声音一致。对于音乐而言，它表现为音乐与画面紧密结合，音乐情绪与画面情绪基本一致，音乐节奏与画面节奏完全吻合。声画合一是声画蒙太奇中最常见的一种，也是在影视作品中被运用的最多的一种。

声画合一的作用是加强画面的逼真性和可信性，使银幕或屏幕上所展示的一切显得有声有色、自然真实，提高了视觉形象的感染力，如图 5-9 所示。

2. 声画分立

声画分立指观众听到的声音和观众所看到的画面不一致，画面中的声音和形象不是同步出现的。例如角色的反应镜头、用声音代替形象或者用声音来表达角色的回忆、幻觉。

声画分立的意义在于声音和画面获得了相对的独立性，摆脱了一成不变且相互束缚、制约的关系。同时，在新的视听语言基础上求得和谐和统一的结合。可以说，声画合一的出现宣告了有声电影的诞生，声画分立的出现则标志着有声电影的进步，如图 5-10 所示。

图 5-9 《天降美食》中的声画合一画面

图 5-10 《千与千寻》中的声画分立画面

3. 声画对位

声音和画面形象分别表达不同的内容，各自独立发展，即在形式上不同步、不合一，但两者又彼此对列、彼此配合、彼此策应，指声音和画面分别表达不同的内容，它们各自以其内在节奏独立发展，分头并进，最终而又殊途同归，从不同方面说明这同一涵义。

5.2.3 实训项目练习

1）音频声道错位效果：使用相位特效使音频素材产生声道错位混合的效果。

2）音频延迟重复效果：使用延迟特效为音频素材添加回声效果，同时可以调整回声的持续时间和回声强度。

5.3 特效处理

5.3.1 转场特效

影片转场特效即对已有视频片段进行选取、排列或衔接等组合的过程，是影片剪辑中必不可少的关键环节。目的是完成两个视频片段之间的无缝隙对接，使相连接的片段进行自然的过渡衔接。

在 Adobe Premiere Pro 中，根据功能可分为 10 大类多达 73 种的转场特效。每一种转场特效都有其独到的特殊效果。在应用中较为常见的有以下几种。

1. Cut 转场

所谓 Cut 转场就是所有影片中最经常出现的影片衔接方式，即两段视频影片直接相连，不做任何其他处理。这种转场效果最简单、最直接，可能会有人认为这种转场毫无技术可言，对此不屑一顾。但事实上 Cut 转场因视觉转换快速、意象鲜明，是剪辑影片过程中不可缺少的转场过程。

2. Disslove 溶接转场

所谓溶接转场就是类似第一段视频片段渐弱结束，第二段片段渐强开始的转场效果。Disslove 溶接转场也是在视频中经常使用的转场效果，特点是在大多数影片场景下都可以采用这种转场，不会产生任何歧异。

3. 其他特效转场

Premiere 6.0 可提供超过 75 种以上的转场特效，而每种转场特效都提供不同的调整参数，可交叉使用各种参数来制作转场效果。

转场特效制作方法如下。

1）翻页转场效果：翻页转场效果是素材 A 像纸一样以某一角卷起，卷起的背面为素材 A 相反图案，并逐渐显现出素材 B。

新建项目，在项目窗口的空白处双击或者使用快捷键〈Ctrl + L〉，在弹出的对话框中选择需要的素材文件，单击"打开"按钮。将项目窗口中的"01. jpg"和"02. jpg"素材文件拖拽到视频 1 轨道上，如图 5-11 所示。分别单击素材文件，在"特效控制台"面板中设置"缩放"为 80，如图 5-12 所示。

图 5-11　将素材文件拖拽到视频 1 轨道

图 5-12　"缩放"设置

设置完成后可拖动时间线查看转场的效果。用户可以在"01.jpg"和"02.jpg"之间加一个转场特效，选择"效果"面板中的"视频切换"→"卷页"→"翻页"；然后将其拖拽到视频1轨道中的"01.jpg"和"02.jpg"素材文件的中间位置，如图 5-13 所示。拖动时间线就可以查看现在产生的翻页效果，如图 5-14 所示。

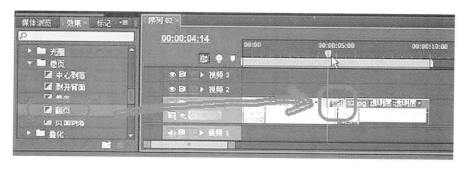

图 5-13　翻页转场

此时的翻页看起来略显单调，没有翻页时产生的阴影效果，看起来不是很真实，这时，可以单击"01.jpg"和"02.jpg"素材文件中间的"翻页"，对"翻页效果"进行细致的调整，比如两张图片的起止时间等，如图 5-15 所示。

2）渐隐为白色转场效果：渐隐为白色转场特效使素材 A 逐渐变白，然后再逐渐消失显现出素材 B。

新建项目，在项目窗口的空白处双击或者使用快捷键〈Ctrl + L〉，在弹出的对话框中选择需要的素材文件，单击"打开"按钮。将项目窗口中的"01.jpg"和"02.jpg"素材文件拖拽到视频1轨道上。分别单击素材文件"01.jpg"和"02.jpg"，在"特效控制台"面板中设置"缩放"为77。选择"效果"面板中的"视频切换"→"叠化"→"渐隐为白

图 5-14　效果查看

图 5-15　翻页转场效果调整

色"，然后将其拖拽到视频 1 轨道中的 "01. jpg" 和 "02. jpg" 素材文件的中间位置。然后拖动时间线就可以查看现在产生的渐隐为白色转场效果，如图 5-16 所示。

图 5-16 渐隐为白色转场效果

5.3.2 画面特殊处理

画面特殊处理是将前期拍摄的一些镜头加以修补，生成一些有趣的画面。画面特殊处理是将计算机制作的各种动画、特技效果通过数字合成技术与已有的素材画面进行组合，同时对画面进行大量的修饰、美化，形成完整的节目。

1. 黑白颜色效果

黑白特效可以将素材的颜色进行黑白处理，表现为黑白灰的效果。

新建项目，双击项目窗口导入所需的素材，将项目窗口中的"01.jpg"素材文件拖拽到时间线窗口中的视频 1 轨道上，如图 5-17 所示。选择时间线窗口中的"01.jpg"素材文件，在"特效控制台"面板中可调节"缩放"为 65，调整到合适的画面大小，如图 5-18 所示。

图 5-17 项目窗口

在"效果"面板中搜索"黑白"特效，并将其拖拽到时间线窗口中的视频 1 轨道上，也就是图层上面，如图 5-19 所示。图片自动变为黑白色调，如图 5-20 所示。

图 5-18 黑白颜色效果设置

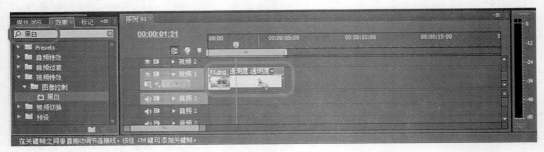

图 5-19 将"黑白"特效拖拽到视频 1 轨道上

图 5-20 黑白颜色效果查看

　　还可以搜索另外一个特效,继续为时间线窗口中的"01.jpg"素材文件添加"亮度与对比度"特效,将它拖动到图层上面,如图 5-21 所示。设置"亮度"为 5,"对比度"为 30,

这样看起来画面效果更加强烈，如图5-22所示。

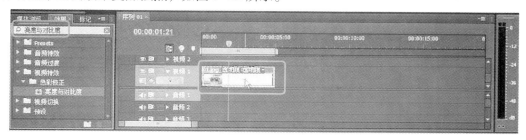

图5-21　将素材拖动到图层上

图5-22　黑白颜色效果调整

2. 多彩画面效果

四色渐变特效可以在画面上添加4种颜色的渐变效果，使用混合模式可以得到不同的颜色混合效果。

新建项目，双击项目窗口导入所需的素材，将项目窗口中的"01.jpg"素材文件拖拽到时间线窗口中的视频1轨道上，如图5-23所示。可以设置一下画面大小，如图5-24所示。

图5-23　将素材拖动到视频1轨道上

搜索"四色渐变"画面效果，将"四色渐变"拖动到"01.jpg"的轨道上面，设置"混合模式"为"叠加"，如图5-25所示。更改"颜色1"为粉色（R：253，G：174，B：

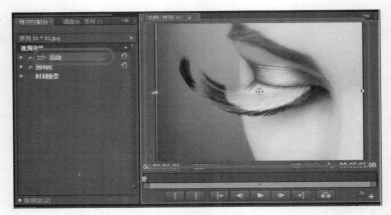

图 5-24 多彩画面效果设置

224），"颜色 2"为橙色（R：255，G：94，B：43），"颜色 3"为紫色（R：177，G：94，B：43），"颜色 4"为绿色（R：177，G：255，B：25），设置好的效果如图 5-26 所示。

图 5-25 设置"混合模式"为"叠加"

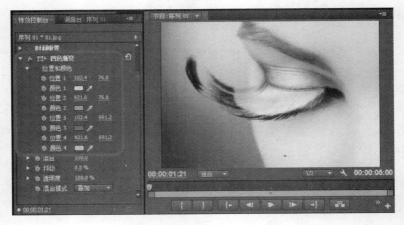

图 5-26 多彩画面效果设置

5.3.3 实训项目练习

1）点划像转场效果：将素材 B 分成 4 份逐渐向中心点移动，并逐渐替换素材 A。

2）光盘阴影效果：使素材产生阴影效果，并且调节阴影方向和距离，使素材产生空间感。

5.4 合成动画

5.4.1 动画合成方法

Director 模块是 Animo 中最复杂也是最重要的一个模块，只有经过 Director 合成，之前所做的工作才能够直观地呈现出来。

合成师在动画合成之前，就应对该合成的场景做到心中有数，只有合成之前清楚自己所想要的最终画面效果，才能在合成的过程中正确地取舍节点和设置关键帧的时速。

其实在制作过程中，在 Scanlevel、InkPaint、PenTester 或 Director 中都可以使用相应的 Replay 面板或窗口生成预览动画进行效果的查看。

1. Director 中生成动画的步骤及其设置

1）在 Director 程序中，执行"Tools"（工具）→"Replay"（重播）命令，打开"Replay Windows"面板。

2）使用"Frame Range"（帧范围）区的"Start"（开始）和"Finish"（结束）框中设置预览动画的范围。

3）使用"Frame Size"（帧尺寸）区中的下拉菜单设置预览动画尺寸。

4）使用"Frame Setting"（帧设置）区中的选项可设置预览动画的质量；"Final"（最终）或"Anti – Alias"（抗锯齿）选项可生成高质量的预览动画；选择"Line Test"（线测试）或"Fast"（快速）选项可生成较低质量的预览动画。

5）使用"Movie Compressor"（电影压缩机）区下拉菜单中的选项可选择压缩格式。

6）单击"Start"（开始）输出动画预览。

2. 着色输出

着色输出也是最终输出，也就是以最高质量输出合成的场景，可按以下步骤输出最终场景：

1）调用场景后，执行"Tool"（工具）→"Output"（输出）→"Render"（Local）（渲染：本地）命令，弹出对话框。

2）"Frame Selection"（画面选择）区可设置输出动画的帧范围；"Out Directory"（输出目录）设置输出动画的保存路径；"Output To"（输出）设置输出动画的保存格式，可设为位图序列帧和电影文件；"Image Parameters"（图像参数）区中可设置输出画面的长宽比（制式）以及分辨率；"Render Parameters"（渲染参数）区可设置输出着色的参数。

3）单击"OK"按钮输出即可。

在 Director 合成中，为了制作方便，一般一个合成的 scene 文档保存一个镜头的运作。所以在最终输出的时候，使用位图输出序列帧比电影文件的可编辑性要强。输出位图序列帧时，在"Output To"区中选择 TGA 格式，在"Image Parameters"区中设置好制式和分辨率，在"Render Parameters"区中把 Slate 复选框去掉就可以输出序列帧了。然后再用这一系列的序列帧调入到 Adobe Premiere Pro 里进行编辑输出，才能合成最后的成片。

5.4.2 视频的输出格式

读者可以在 Adobe Premiere 中完成的工程文件生成最终的影片。因为 Adobe Premiere 的源文件无法在电视、电影、广告和播放器中播放使用，因此需要根据实际情况，选择不同的格式进行输出。

1. 输出 AVI 文件

AVI 是音频视频交错格式，采用了一种有损压缩方式，主要应用在多媒体光盘上，用来保存各种影像信息。

在 Premiere 中已有做好的动画效果，可以直接用快捷键〈Ctrl + M〉或者是执行"文件"→"导出"→"媒体"命令，如图 5-27 所示。在弹出的面板中可以设置"格式"，将"格式"更改为无压缩的"AVI（Uncompressed）"格式，然后可以设置一下"输出名称"以及位置，设置一下尺寸，"宽度"可设置为 1024 像素，"高度"可设置为 768 像素，然后单击"导出"按钮，这时就可以在设置的输出路径下找到输出的 AVI 格式视频文件，如图 5-28 所示。

图 5-27　输出视频

2. 输出 Quick Time 文件

Quick Time 文件格式为 MOV，画面比较清晰，该格式是把压缩、存储、播放与文本、声音、动画和图像结合在一起的文件。

在 Premiere 中已有做好的视频，可以直接用快捷键〈Ctrl + M〉或者是执行"文件"→

图 5-28 输出 AVI 格式视频文件

"导出"→"媒体"命令，如图 5-29 所示。在弹出面板中可以设置"格式"，将"格式"更改为"Quick Time"的格式，然后可以设置一下"输出名称"以及位置，设置一下尺寸，"宽度"可设置为 1024 像素，"高度"可设置为 768 像素，然后单击"导出"按钮，这时就可以在设置的输出路径下找到输出的 Quick Time 格式视频文件，如图 5-30 所示。

图 5-29 导出媒体

图 5-30　输出 Quick Time 格式视频文件

3. 输出 FLV 文件

FLV 是 Flash VIDEO 的简称，是 H. 263 编码的视频格式，该格式形成的文件极小、加载速度快，常用于网络视频。

首先，打开文件后，选择时间线窗口，使用快捷键〈Ctrl + M〉或者是执行"文件"→"导出"→"媒体"命令，如图 5-31 所示。在弹出的面板中可以设置"格式"，将"格式"

图 5-31　导出媒体

更改为"FLV"的格式，然后可以设置一下"输出名称"以及位置，并且需要勾选"使用最高渲染质量"，然后单击"导出"按钮，这时就可以在设置的输出路径下找到输出的 FLV 格式视频文件。如图 5-32 所示。

图 5-32　输出 FLV 格式视频文件

4. 输出 F4V 文件

F4V 是支持 H. 264 编码的高清晰视频格式，在文件大小相同的情况下，清晰度高于 FLV 格式视频。

5. 输出 GIF 动画文件

GIF 分为静态 GIF 和动态 GIF 两种，是一种压缩位图格式，支持透明背景图像，多应用于网页上的很多小动画。其实 GIF 是将多幅图像保存为一个图像文件，从而形成动画，所以 GIF 仍然是图片文件格式。

6. 输出 MP4 文件

MP4 是一种常见的视频格式，该格式可以用最少的数据获得最佳的图像质量，目前该格式广泛应用于掌上媒体等领域。

7. 输出 MP3 文件

MP3 是一种音频压缩技术，它可以压缩成容量较小的文件，音质与最初的不压缩音频相比没有明显的下降。

8. 输出 WMA 文件

WMA 是与 MP3 格式齐名的一种音频格式。WMA 在压缩比和音质方面都超过了 MP3，即使在较低的采样频率下也能产生较好的音质。

9. 输出 WMV 文件

WMV 是一种流媒体格式，体积非常小，该格式将视频和音频保存在一个文件里，并且允许音频同步于视频播放。

10. 输出小尺寸的影片

在输出模块中的导出设置窗口中，可以调整画面输出的尺寸。

11. 输出静帧序列文件

序列图片是将一定时间内的时间帧以某种单帧图像的方式逐次渲染出来。

5.4.3　实训项目练习

1）输出一段 GIF 动画文件。

2）输出一段 AVI 文件。

第6章 Flash 动画制作

本章节要点

- Flash 动画中图像分层的绘制方法
- Flash 动画中卡通造型动作调整方法

Flash 动画是二维动画的一种表现形式，制作简单、容易上手、制作成本低成为 Flash 动画的一大优势。因此，国内的很多二维动画公司使用此软件进行动画制作。

6.1 图像制作

Flash 的图像制作部分是实现动画效果的关键部分，决定了动画的画面质量。在 Flash 软件的图像绘制中常用到"工具箱"中的大部分工具以及"颜色面板"来实现动画角色的绘制，如图 6-1 所示。下面来讲解常用绘图工具的详细功能。

图 6-1 Flash 绘图界面

6.1.1 绘图工具的认识

1. 工具箱中的常用绘图工具

选择工具：可以选择线条并改变线条的形态，也可单击选择单个图形或是框选多个图形。

　　部分选取工具：选择节点，细致调节。

　　任意变形工具：可以放大缩小图形，在图形打散的状态下也可以任意改变图形的形状。

　　渐变变形工具（隐藏在任意变形工具下拉菜单中）：调整图形的颜色的渐变范围和位置。

　　套索工具：可以选择图形或线条的某一部分（只针对打散状态下）。

　　钢笔工具：可以随时调整线条弯曲度的画线工具。

　　添加锚点工具（隐藏在钢笔工具下拉菜单中）：为线条或打散图形边缘添加点。

　　删除锚点工具（隐藏在钢笔工具下拉菜单中）：为线条或打散图形边缘减少点。

　　转换锚点工具（隐藏在钢笔工具下拉菜单中）：调整线条或打散图形边缘的点，使线条弯曲度符合要求。

　　T 文本工具：可以编辑文字。

　　线条工具：针对线条的绘制，同钢笔工具相似，但是没有钢笔工具的同步弯曲功能。

　　矩形工具：绘制打散状态下的矩形，矩形的大小、长短都与鼠标的拖拽有关。如果想绘制正方形，则需按〈Shift〉键的同时进行鼠标拖拽。

　　椭圆工具（隐藏在矩形工具下拉菜单中）：绘制打散状态下的椭圆形，方法与矩形工具一样。

　　基本矩形工具（隐藏在矩形工具下拉菜单中）：绘制组合状态下的矩形，矩形的四角可以在属性中调整圆滑度。

　　基本椭圆工具（隐藏在矩形工具下拉菜单中）：绘制组合状态下的椭圆，可以在属性中调整内径大小和起始角度。

　　多角星形工具（隐藏在矩形工具下拉菜单中）：绘制打散状态下的多边形，在属性中可以选择样式和边数。

　　铅笔工具：单击鼠标随意绘制线条，线条可以是圆滑的也可是直线化的（可在工具栏最下方选择）。

　　刷子工具：单击鼠标任意绘制色块，在工具最下方可调整笔刷大小。

　　墨水瓶工具：针对线条的工具，可以为线条改变颜色和粗细。

　　颜料桶工具：针对色块的工具，对准要填色的封闭区域单击鼠标可以调换颜色。

　　滴管工具：可以吸取颜色填充于其他区域，为了确保某些区域颜色的一致性。

　　橡皮擦工具：只能擦除打散状态下的线条和色块。橡皮擦工具可以同时擦除色块和线条，也可只擦除线条或色块，此功能需要在工具栏下方擦除模式中调整。

　　手形工具：可以调整画布的位置。

　　缩放工具：可以放大、缩小画布。

　　线条的目前状态，可以单击小三角进行调整。

　　色块的目前状态，可以单击小三角进行调整。

▣ 贴紧至对象：具有吸附功能。

2. 颜色面板中的常用绘图工具

✎ ▉ 笔触颜色：可选择笔触颜色改变线条的颜色。

▱ ▉ 填充颜色：可选择填充颜色改变色块的颜色。

类型:纯色 ▾ 填充样式：单击右边三角可选择填充样式来改变线条或色块，填充样式有纯色、线性渐变、放射状渐变、位图。

Alpha:100% ▾ 透明度：通过透明度的调整也可达到渐变的效果。

6.1.2　卡通人物绘制实例演示

当在纸上设计好一个卡通角色后，需要在 Flash 软件中实现想要表现的动作，就必须考虑角色哪些地方是运动的、哪些地方是静止的，这也是绘制卡通人物首要的一步。对于动的部分需要在绘制角色时进行成组分解，这样有利于后期动作调整时对关键帧的调整，如图 6-2 所示。对角色进行成组分解时还要注意每一个部件的前后顺序，如果顺序不对可在不对的部件中单击右键选择"排列"进行调整。下面来讲解角色绘制的详细步骤。

图 6-2　角色的成组分解

【**实例 6-1**】卡通角色绘制具体步骤。

1）创建新文件。

启动 Adobe Flash CS3，选择"新建"→"Flash 文件（Action Script 3.0）"，显示到工作面板，如图 6-3 所示。

2）头部轮廓的绘制。

① 选择工具箱中"椭圆工具"在"舞台"中绘制卡通人物的头部轮廓。

② 鼠标单击绘制好的椭圆将其选中，选择"填充颜色"调整头部的颜色，如图 6-4 所示。

3）胡须的绘制。

① 选择工具箱中的"线条工具"或是"钢笔工具"，在椭圆形的头部中间稍靠下的位置绘制两条直线。

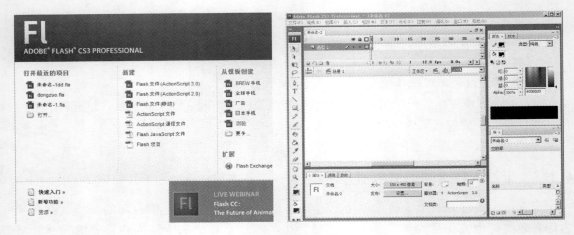

图 6-3　新建文件

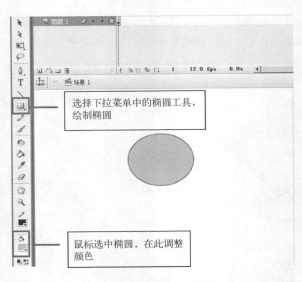

选择下拉菜单中的椭圆工具，
绘制椭圆

鼠标选中椭圆，在此调整
颜色

图 6-4　使用椭圆形工具绘制

② 此时，胡须的轮廓并没有达到要求，需要进一步调整。选择工具箱中"选择工具"进行曲线调整，并调整胡须区域为闭合区域。

③ 选择工具箱中"颜料桶工具"改变"填充颜色"为黑色，单击胡须区域将其填充颜色，如图 6-5 所示。

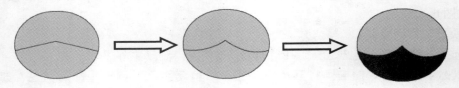

图 6-5　使用线条工具调整并填充颜色

④ 在这里设置头与胡须是一体的不需要做动作，因此将其组合在一起。需要选择工具箱中"选择工具"框选头部与胡须，按〈Ctrl + G〉快捷键进行成组。

4）眼睛眉毛的绘制。

① 选择"椭圆工具"，同时按住〈Shift〉键（可以画出正圆）绘制圆形眼睛。

② 选择"颜料桶工具"，同时将"填充颜色"调整成黑色，单击眼睛色块填充颜色，如图6-6所示。

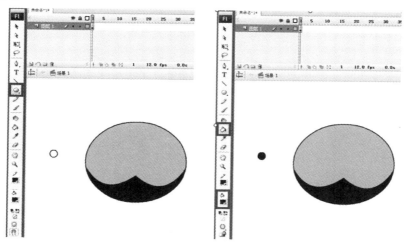

图6-6　使用椭圆工具与颜料桶工具绘制眼睛

③ 选择"刷子工具"（在工具栏下方调整画笔大小）使眼睛高光，刷子大小设置如图6-7所示。

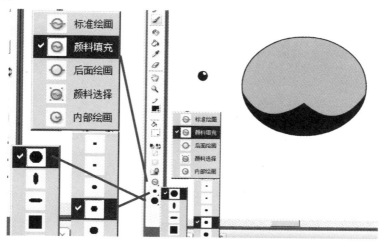

图6-7　刷子工具的设置

④ 在这个卡通角色中绘制眉毛只需要用线条表现即可，但在有些卡通角色中则需要绘制封闭空间填充颜色，其操作方法大致相同。首先选择"线条工具"在眼睛上方绘制一条直线，其次选择"选择工具"调整为合适的弧线，如图6-8所示。

⑤ 分别选择眼睛、眉毛，按〈Ctrl + G〉快捷键进行成组，成组后移向头部进行细微调整，如果组件显示的前后顺序不对，则需在不对的组件上单击鼠标右键进行"排列"。调整满意后再进行复制和粘贴（按〈Ctrl + C〉和〈Ctrl + V〉快捷键），同时调整位置，如图6-9所示。

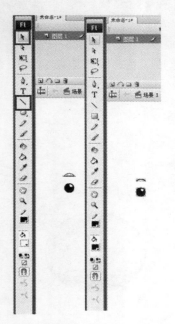

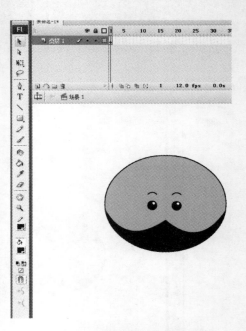

图6-8　使用线条工具与选择工具绘制眉毛　　　　图6-9　眼睛调整后效果

5）绘制耳朵。

①选择"椭圆工具"绘制圆形，单击"颜色填充"吸取角色头部颜色进行填充。再选择"选择工具"框选出圆形的三分之一部分按〈Delete〉键进行删除，并将删除部分的边缘调整为曲线，如图6-10所示。

②选择"铅笔工具"，将工具箱下方的"铅笔模式"调整为平滑状态，在耳朵中间绘制一条曲线使耳朵看起来更加丰富。绘制好一个耳朵后，使用"选择工具"进行框选全部或双击耳朵将颜色和线条全选，如果还有漏选，按住〈Shift〉键双击漏选部分即可。选择完成后按〈Ctrl + G〉快捷键进行成组，如图6-11所示。

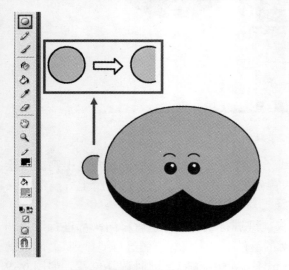

图6-10　调整耳朵形状　　　　　　　　　图6-11　丰富耳朵画出内部结构

③ 另外一个耳朵不需要重新绘制，只需复制后进行水平翻转即可。首先依次按下〈Ctrl＋C〉与〈Ctrl＋V〉快捷键进行复制，其次选择上方"菜单栏"中"修改"菜单，并选择"变形"命令下的"水平翻转"，最后使用"选择工具"调整位置，如图6-12所示。

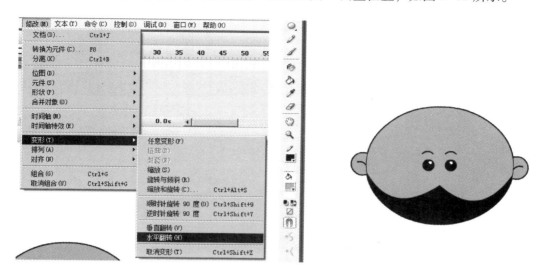

图6-12　使用水平翻转复制耳朵

6）帽子的绘制。

在绘制帽子时首先分析帽子要分为几个部分绘制。在图6-1中不难看出，帽子的下部分（椭圆部分）被头部遮挡，而上部分遮挡头部，为了更好地为动画部分提供方便，将其看成两个部分绘制。

① 首先选择"线条工具"绘制出帽子的上部分形状，其次选择"选择工具"调整帽子周围线条的弯曲程度，最后选择"颜料桶工具"并在右边的"颜色面板"中找到"类型"→"线性渐变"调整颜色。颜色调整合适后单击帽子上半部的闭合区域进行填充颜色（如果渐变过渡不理想可用工具箱中的"渐变工具"进行调整），如图6-13所示。

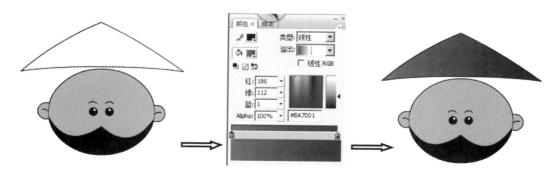

图6-13　使用颜色线性渐变调整填充

② 填充颜色后，可以看出帽子颜色有些单调，需要进行丰富。选择"刷子工具"增添一些花纹（调整好刷子大小随手画即可）。如果花纹的颜色不满意可以重新选择颜色进

行填充。最后选择"椭圆工具"绘制帽子下部分的形状，颜色填充方法与上部分一样，如图6-14所示。

图6-14　继续使用颜色线性渐变

③ 帽子的上下两部分绘制完成后分别按〈Ctrl + G〉快捷键进行成组，按照前后层的顺序关系选择要排列的部分单击鼠标右键进行排列，如图6-15所示。

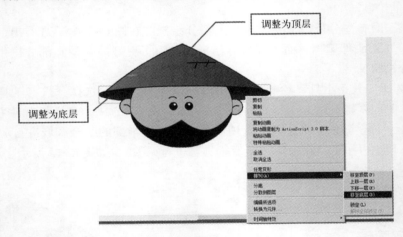

图6-15　调整前后层顺序

④ 如果移动好位置后发现帽子的线条或颜色还有不合适的地方，可用鼠标双击不合适的部位进入"组"再次进行修改。

7) 身体与四肢的绘制。

① 选择工具箱中的"线性工具""颜料桶工具""选择工具"依次绘制身体与半侧的胳膊和腿，分别成组。

② 将成组后的一侧胳膊和腿进行复制，同时进行水平翻转。最后调整位置与层次，如图6-16所示。

图 6-16　绘制完成图

6.1.3　实训项目练习

根据图 6-17 角色，利用所学知识在 Flash 软件中进行完整角色的绘制。

要求：

1）角色造型把握准确。

2）把每个部分用成组的形式分解开。

图 6-17　背书包的小猪

6.2　简单动画制作

在 Flash 软件的动画制作部分，主要用到"时间线"栏部分，如图 6-18 所示。"时间线"栏中主要具有加帧、减帧、添加补间动画、添加图层等功能，下面将详细介绍"时间线"栏中常用工具的功能。

图 6-18　Flash 绘图界面

6.2.1　认识时间线与帧

图 6-19 为完整的时间线栏，Flash 的动画制作部分主要在时间线中各种帧的使用中完成。

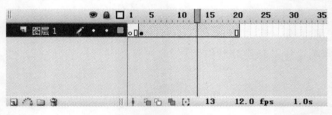

图 6-19　时间线栏

删除图层：选中要删除的图层，单击此按钮进行删除。

插入图层文件夹：单击此按钮可增加一个文件夹，可将多个图层拖至此文件夹下进行整理。

添加运动引导层：引导层也是路径层，可在此层画出想要的路径，将另一个图层中的图形与路径关联，就形成了想要的路径动画。

插入图层：创建新图层。

图层 1 图层名称：双击可更改图层名称。

显示所有图层的轮廓：单击此按钮可将所有图层的颜色隐藏，只显示轮廓线。

锁定/解除锁定所有图层：此按钮按下，将所有图层锁定，不能再进行任何操作。

空白关键帧：此帧画面为空白。

关键帧：此帧为有画面，两个关键帧才能形成动画。

6.2.2　人物的走路动画实例演示

【实例 6-2】人物走路动画具体操作步骤。

1）进行分层。

将频率、动作不一致的部分分成不同的图层，方便动作的编辑。

① 单击"时间线"中的"插入图层"（需要分成多少部分就插入多少图层），双击建好的图层进行改名（这样方便动作调整），但要注意图层名称的前后顺序要与卡通角色每部分的前后遮挡顺序相一致，如图6-20所示。

图6-20　对角色进行分层

② 图层建好后，将角色的每部分复制到所对应的图层，使用快捷键〈Ctrl + C〉（复制）+〈Ctrl + Shift + V〉（粘贴在原来位置）。

2）调整动作。

① 单击最前层"头与前斗笠"的第30帧，按住〈Shfit〉键再单击最后层"后斗笠"的第30帧进行全选。单击鼠标右键选择"插入帧"命令，如图6-21所示。

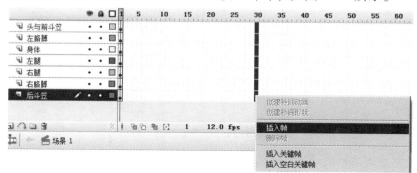

图6-21　建立帧

② 单击"左胳膊"图层，选择"任意变形工具"将中心点的位置调整为肩部（有利于胳膊的旋转调整），如图6-22所示。旋转左胳膊至摆动动作的最前方或是最后方，在第10帧的位置单击鼠标右键选择"插入关键帧"命令，并在1与10两个关键帧中间单击鼠标右键选择"创建补间动画"命令。如果第1帧是前摆，则第10帧调整为后摆（创建补间动画后如果中心点有变化需再次调整）。

③ 调整好第1帧与第10帧，将鼠标放在第1帧单击右键选择"复制帧"命令，在第20帧的位置单击鼠标右键选择"粘贴帧"命令，复制完成后将鼠标放在第10帧与第20帧的任意位置单击鼠标右键选择"创建补间动画"命令，如图6-23所示。这样左胳膊的循环动画就做好了，右胳膊的循环动画与左胳膊一样，但是要注意，左胳膊与右胳膊的运动方向是相反的。

图 6-22　调整胳膊的旋转幅度

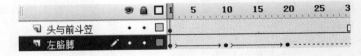

图 6-23　使用关键帧建立动画

④ 胳膊与腿的动作调整方法是一样的，但要注意运动方向的不同。根据胳膊的调整方法依次将腿部的动画调整出来，调整完成后单击"头与前斗笠"层的第 21 帧，按住〈Shift〉键再单击"后斗笠"层的最后一帧进行全选，最后单击鼠标右键选择"清除帧"命令，将多余的帧删除，如图 6-24 所示。

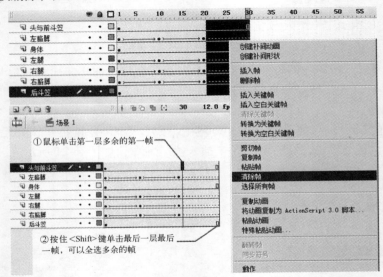

图 6-24　清理多余帧

以上是一种比较简单的动作调整方法，如果想让动作更加生动、灵活，还需逐帧调整。

6.2.3　实训项目练习

将上节绘制的如图 6-17 所示的角色进行分层，按照实例演示的方法进行动作调整。
要求：
1）分层要明确，层次要正确。
2）走路动作要正确、流畅，切记不能同手同脚走路。

6.3　添加声音

6.3.1　Flash 中声音的类型

在 Flash 中，声音主要分为事件声音与流声音两种类型，下面介绍这两种类型在应用中的不同特点。

1）事件声音：在播放之前必须下载完全，它可以持续播放，直到被明确命令停止。它也可以播放一个音符作为单击按钮的声音，也可以把它放在任意想要放置的地方。

事件声音特点如下：

- 事件声音在播放前必须完全下载，所以如果声音文件过大，动画下载时间也会很长。
- 事件声音不论动画是否发生变化，它都会独立地把声音播放完毕，与动画的运行不发生关系。如果播放到另一个声音时，它也不会停止播放，不能实现与动画的同步播放，这时声音就会变得嘈杂，影响动画效果。
- 事件声音不论长短，都只能插入到一个帧中。

2）流声音：在下载若干帧后，只要数据足够，就可以开始播放，它还可以做到和网络上播放的时间轴同步。

流声音特点如下：

- 流声音可以边下载边播放，所以不会因为声音文件过大，造成动画下载过长。
- 流声音只能在它所在的帧中播放，帧断开声音也断开，所以流声音可以与动画中的可视元素同步播放。

6.3.2　添加背景音乐实例演示

Flash 软件不是一款专门处理声音的软件，因此只能对声音进行简单的处理，比如添加已经处理好或剪辑好的背景音乐。在 Flash 软件中添加音乐只需要用到菜单栏、属性栏和库，如图 6-25 所示。下面将详细介绍如何在 Flash 动画中添加背景音乐。

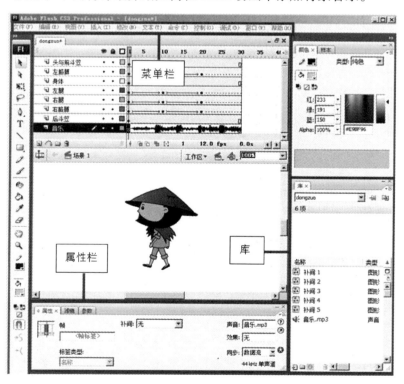

图 6-25　添加音乐常用栏

【实例6-3】添加音乐具体操作步骤。

1) 导入音乐文件。

① 选择菜单栏中的"文件"命令,选择"导入"选项中的"导入到库"命令,如图6-26所示。

② 查看库中音乐文件是否存在,如图6-27所示。

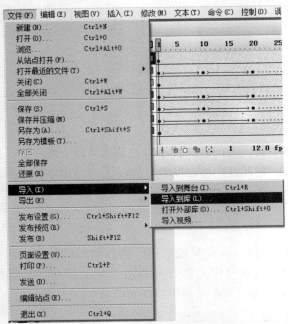

图6-26 导入素材的方法

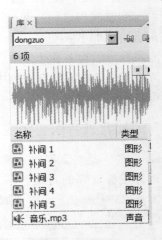

图6-27 使用库

2) 将音乐拖入。

① 新建图层,改名为"音乐"层,并将其拖至最底层(为了更方便观看、调整)。

② 选中"音乐"层中的关键帧,将库中的音乐拖入到舞台,如图6-28所示。

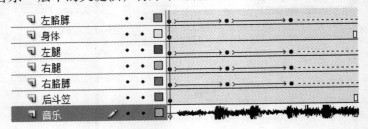

图6-28 音乐的添加

3) 根据需求,调整属性,调整数据如图6-29所示。

在属性调整中主要调整效果与同步两个选项。为了更好地调整音乐的效果,还需对这两个选项进行了解。

① 效果选项:同一种声音可以做出多种效果,在效果下拉列表中进行选择,可以让声音发生变化,还可以让左右声道产生各种不同的变化。在效果下拉列表中各个选项的含义如下。

图 6-29 音乐的调整

- 无：不使用任何效果。
- 左声道：只在左声道播放音频。
- 右声道：只在右声道播放音频。
- 从左到右淡出：声音从左声道传到右声道。
- 从右到左淡出：声音从右声道传到左声道。
- 淡入：表示声音由低到高逐渐增强。
- 淡出：表示声音由高到低逐渐减弱。
- 自定义：自己创建声音效果，并可利用音频编辑对话框编辑音频。

② 同步选项：同步是指影片和声音的配合方式。同步中的设置可以为不同需求的影片选择合适的同步方式。在同步下拉列表中各个选项的含义如下。

- 事件：此选项必须等声音下载完毕后才能播放动画。
- 开始：若选择的声音实例已在时间轴上的其他地方播放过，Flash 将不会再播放该实例。
- 停止：可以使正在播放的声音文件停止。
- 数据流：声音与画面完全同步，在拖动鼠标时，声音一会同步响起。
- 重复：可以选择重复的次数。
- 循环：声音一直无休止的循环播放。

6.3.3 实训项目练习

为 6.2.3 实训项目中做好的动画附加声音。

要求：

1）添加一个脚步声音效果。

2）效果设置为"无"，同步设置为"数据流""重复""1"。

6.4 Flash 影片的合成与输出

6.4.1 影片的合成与输出设置

当一个 Flash 短片较为复杂，并且由多个镜头组成时，就要考虑合成的问题。合成需要将每个单独的镜头制作完毕，然后再进行有顺序的镜头间的连接。影片在合成之前或是合成过程中，如果发现文件过大，需要在不损害影片质量的情况下进行影片的优化，优化的项目包括以下几点。

- 多使用元件。如果影片中的元素有使用一次以上的，则应考虑将其转换为元件。
- 尽量使用补间动画。
- 多用实线，少用虚线。
- 多用矢量图形，少用位图图像。
- 音效文件最好以 MP3 方式压缩。
- 限制字体和字体样式的数量，不要包含所有字体，尽量不要将文本打散。
- 尽量少使用渐变填充颜色，而代之以单色。
- 尽量缩小动作区域。

在动画制作完成后，需要将其放到网络上与他人分享，此时，必须先发布作品。这样需要将 Flash 动画输出成专门在网页上演示动画而设计的 SWF 格式。在 Flash 软件中特有的输出影片的方式就是发布影片，如果只是为了输出影片，并没有特殊要求时，也可以直接导出影片，发布设置如图 6-30 所示。

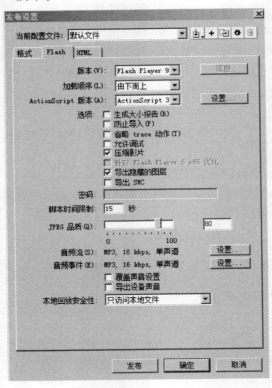

图 6-30　发布、输出影片

6.4.2　实例演示

【实例 6-4】影片输出具体操作步骤。

1）打开要输出的 Flash 影片，整理库中素材。

① 一个完整的 Flash 影片往往需要多个镜头表现，有时为了方便操作，将每个镜头绘制在元件里，将元件命名为镜头号。具体操作需要双击对应的元件，出现黑框后输入需要的元件名，如图 6-31 所示。

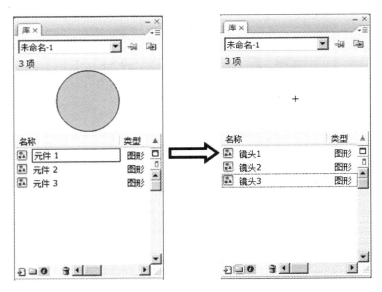

图 6-31　更改元件名

　　② 如果库中的元件、导入素材、补间动画较多，还需要在库中新建文件夹进行整理。单击库下方"新建文件夹"，进行重命名，再将需要归类的元件、素材拖入文件夹，如图 6-32 所示。

　　2）将元件按照镜头号顺序拉入场景。

　　① 在时间线中"插入图层"，按照镜头顺序、图像层次重新命名，如图 6-33 所示。

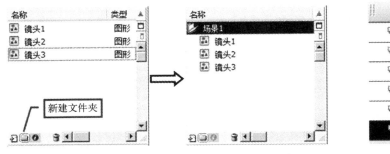

图 6-32　整理元件

图 6-33　层的排序

　　② 按照每个镜头的长短（可打开对应元件查询）建立"关键帧"和"帧"，将库中的镜头元件拖入舞台，拖入的元件名称要与时间线层的名称对应，如图 6-34 所示。要注意每个镜头衔接处不要有重叠（除非有特殊的转场，如叠画效果），如图 6-35 所示。

　　3）导出或发布影片。

　　① 选择菜单栏中的"文件"→"导出"→"导出影片"命令。

　　② 弹出"导出影片"对话框后，选择影片要保存的位置，并为影片命名，单击"保存"按钮，如图 6-36 所示。

图 6-34　将元件拖入舞台

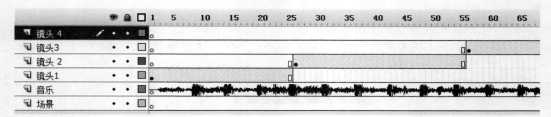

图 6-35　镜头的对位

图 6-36　影片的导出设置

③ 保存后将弹出"导出 Flash Player"对话框,单击"确定"按钮,完成影片输出,如图 6-37 所示。

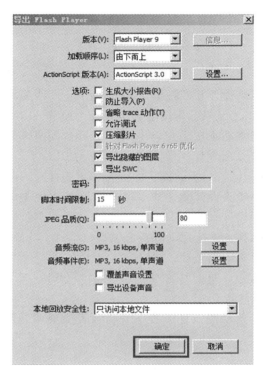

图 6-37　输出设置

6.4.3　实训项目练习

制作一部包含 5 个镜头以上的 Flash 动画影片。

要求:

1)每个镜头建立一个元件。

2)将镜头元件拉入场景中进行合成。

3)影片要尽量完整,包括场景和音乐。

参 考 文 献

[1] 塞尔西·卡马拉．动画设计基础教学［M］．南宁：广西美术出版社，2006.
[2] 冯文．动画概论［M］．北京：中国电影出版社，2011.
[3] 肖忠文，孙寿鹏．二维动画技法大全［M］．长沙：湖南科学技术出版社，2008.
[4] 李毅．角色设计［M］．北京：中国青年出版社，2013.
[5] 武立杰．动画场景设计［M］．北京：中国青年出版社，2010.
[6] 顾毅平，周一愚．分镜头设计稿［M］．上海：上海人民美术出版社，2009.
[7] 李杰，张爱华．原画设计［M］．上海：上海人民美术出版社，2011.
[8] 沃尔特·斯坦奇菲尔德．迪士尼动画黄金圣典（卷Ⅰ）［M］．孙倩，陈杨丹妮，王小芳，译．北京：人民邮电出版社，2012.
[9] 沃尔特·斯坦奇菲尔德．迪士尼动画黄金圣典（卷Ⅱ）［M］．栾晟楠，译．北京：人民邮电出版社，2012.
[10] 南希·贝曼．国际经典动漫设计教程——动画表演规律［M］．赵嫣，译．北京：中国青年出版社，2011.